# 세계 상업적
# 시설 건축물

# 세계 상업적 시설건축물

발행일 : 2025년 08월 24일
출판사 : 하랑출판
주　　소 : 서울시 중구 퇴계로28길 8
전　　화 : 02. 2263. 3337

# CONTENTS

# 갤러리 라 파에
## Gallery La Fayette

Jean Nouvel이 디자인한 이 백화점 건물은 건물 내부에 원뿔형의 매스들이 특징이다. 건물 평면을 보면 각각 규모가 다른 원뿔이 곳곳에 들어서 있고, 이것들은 각 층에서 보면 조각으로도 보이고 오픈 공간으로도 보인다. 이 원뿔은 투명한 유리로 구성되어 있기 때문에 내부 공간을 관통하고 있고, 이 원 주위에 통로를 만들어서 공간에 중심을 세우고 있다. 이 건물은 교차로에 접해 있는데 블록 모서리부분을 둥글게 처리해서 시각적 부담을 없애고 내부의 원형 이미지를 그대로 밖으로 표출하고 있다. 검은색의 반사 유리를 입면에 적용하고 있기 때문에 내부와 외부가 모두 유리라는 재료가 주된 표현 재료가 되고 있다.

이 건물은 Gallery La Fayette라는 이름을 가진 백화점 체인점이다. 그렇게 큰 규모의 백화점은 아니지만 인근의 다른 백화점과 지하 아케이드가 서로 연결되어 있어 하나의 쇼핑 공간을 제공하고 있다.

베를린 시내에 위치한 이 백화점은 대로변 한쪽에 주 출입구가 들어서 있고, 각 도로에 변한 쪽으로는 부 출입구들이 있다. 그리고 도로에 면한 샵들은 별도의 출입구를 각자 가지고 있다. 내부에 들어서면 위로 뚫린 원뿔과 아래로 뚫린 원뿔이 서로 마주보면서 대형 오픈 공간을 연출하고 있고, 이곳을 중심으로 매장들이 들어서 있다. 수직 동선은 에스컬레이터가 담당하고 있고, 가운데 오픈 공간이 있기 때문에 한쪽에 치우쳐져 배치되어 있다. 이 건물은 격자의 그리드 체계로 구조가 구성되면서 가운데 오픈 공간은 원뿔의 경사를 그대로 유지한 구조물이 들어서 있다. 그리고 다른 원형 공간들은 정사각형 그리드 구조체 안에서 해결되거나 4개을 묶어서 그 안에서 구조를 해결하고 있다. 외벽은 금속 띠로 층을 분할하고 나머지는 반사 유리 커튼월로 마감하고 있다.

# Jean Nouveal의 건축사고방식
## : 장 누벨과의 대담

Jean Nouveal



J.N: 베를린에서 봉착한 문제는 건물의 물질성의 문제였습니다. 두 개의 간선도로가 교차하여 생긴 각지(角地)라는 문제였습니다. 물론, 이 프리드리히 거리가 매우 중요한 역사 지구라는 점에서도 그렇습니다. 베를린의 역사 속에서 이 미테 지구는 진정한 다운타운이며 중심지입니다. 하지만, 사회주의 체제 하에서 이 거리는 활기를 잃었습니다. 물론 베를린 벽에 가깝게 위치한 이유일 수도 있겠지만. 실제로 벽은 인근의 블럭에 있기에 이 가구는 완전히 조용해졌습니다. 벽을 허문 후, 베를린시에서는 세계 각 국으로부터 선발한 5, 6명의 건축가들에게 이 벽이 있었던 장소에 베를린을 재활성화 하기 위해 무엇을 어떻게 할 것인가에 대해 자문했습니다. 나의 대답은 이곳에 빛을 첨가하는 것이었습니다. 빛은 진정하게 생명과 같은 것으로서 여기에 결핍된 것도 바로 빛이기 때문이었습니다. 이 건물의 설계는 아주 재미있었습니다. 이미지 쇼핑센터의 디테일도 그렇고 건물의 생명을 창조하는 일도 재미있었습니다.

베를린의 건물은 일반적으로 무겁고 투명성이 없습니다. 나는 그것과 정반대인 투명하고, 내부의 움직임을 알 수 있는 건물을 제안했습니다. 이 일에 흥미가 있는 또 하나는 백화점이라는 것이 실제로 어떤 것인가 생각하는 일이었습니다. 10년부터 20년 사이에 생긴 백화점은 슈퍼마켓과 같은 것이었습니다. 전체가 평평한 2층으로 되어 있고, 공간이란 느낄 수 없으며 중심도 없습니다. 이것은 물론 백화점의 역사적인 전통과는 완전히 반대되는 것입니다. 우리들은 백화점의 전통을 재발견하고 싶었습니다.

1



J.N: 그렇습니다. 그러나 이것을 실행하기는 어려웠습니다. 오피스에는 상당히 넓은 공간이 필요했기 때문입니다. 그래서 나는 오피스를 코너에 배치했습니다. 그 결과, 중요한 공간을 상실하지 않았고, 요구하는 공간도 얻게되었습니다. 더욱이 의뢰자의 찬성을 받을 수 있는 고밀도의 감각을 만들면서 자연광이 그 전체에 들어오게 했습니다. 이 해결 방법에 의해 백화점 내부에도 자연광이 들어올 수 있었습니다. 그리고, 또 밑층에는 원추형(cone)이 위치해 있는데, 이 원추형이 실제로 무엇인가 읽을 수 없기 때문에 기묘한 이미지를 생산합니다. 여러 가지 반사상이 넘쳐나는 큰 공간을 볼 수 있고, 각층에 있는 사람들을 볼 수 있습니다. 틀림없는 백화점 전통대로의 광경인 것입니다. 프로그램은 약 9,000m²의 면적을 필요로 했습니다. 건물에 들어가면 중심점, 즉 그 보이드 한 주위에 적당한 크기의 매장이 있는 것을 볼 수 있습니다. 쇼핑객들은 큰 백화점이라고 느낍니다. 나는 이러한 빛과 생명을 만들어 냈습니다. 그래서 베를린에서 지금까지 진행되고 있는 건물의 파사드, 작은 창이 박혀 있는 불투명한 벽이라는 방법으로 건물을 지을 수 없겠는가하는 의욕을 완전히 포기했습니다. 보통 역사적인 지구의 건축물은 역사적인 참조를 가지지 않으면 안 됩니다. 이러한 습관적인 건설방법이나 도시개발에 반대하여 미스 반 데어 로에는 유명한 유리 고층건물을 설계하지 않았습니까. 이러한 거장들은 나의 제안의 선구자인 것입니다.

2

3

나의 이 건물도 이러한 베를린의 전통에 대한 역사적인 제안을 하는 것을 목표로 하고 있습니다. 그래서 돌과 기와의 전통 이외의 것에 대한 전통성을 구사했습니다. 나는 이것을 건축가에 대하여, 그리고 이 도시의 주민에 대한 질문으로 제기했습니다. 여기에는 많은 반대 의견이 있었습니다. 어떤 점에서는 건물이 내가 원하고 있는 물질성, 즉 비물질성을 가질 수 없습니다.

예를 들면, 브라인드가 너무 많고 지붕의 몇 가지 디테일도 내가 원했던 것과는 다릅니다. 그리고 인테리어 디자인이 없는 이런 종류의 건물을 건설하는 일은 어려운 것이었습니다.

이것은 임대용 건물이었습니다. 건물 미학의 많은 부분은 내부의 생명력에 의존합니다. 이런 생명력이 없으면 건물은 존재할 수 없습니다. 이것은 살아 숨쉬는 건축으로서 사람이 없으면 죽는 것과 같습니다. 유리벽의 배후에는 생명, 즉 인간이 필요한 것입니다. 이러저러한 이미지가 투영되어 있는 스크린이 필요합니다. 결국, 이것은 홍보적인 건물이기 때문입니다. 베를린의 주요 거리를 위한 현대적인 홍보 건물이며, 가구와는 관계없이 전통적인 건물과 대립되는 것입니다.

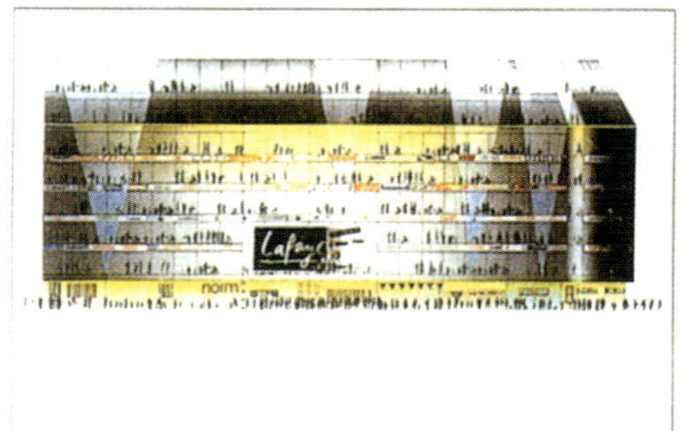

4

6

7

# 갤러리 라 파에

"건물의 생명에 관한 말씀을 들었는데요. 사람이 꽉 찼을 때 건물이 매우 혼잡할 것 같은 느낌이 드는데요. 기본적으로 내부에서 일어나는 일들을 제어할 수 없을까요. 공간의 구성에 있어서 어떤 규칙 같은 것이 있을 것이라고 생각하는데요. 외부에 사용하고 있는 문자 광고의 분위기 정도는 통일할 수 없었습니까?"

J.N: 그렇습니다. 예를 들면, 나는 전부 같은 스크린을 사용하고 싶어도 의뢰자 측에서 광고에는 색채가 있어야 한다고 요구해왔습니다. 그래서 이 건물에 생명감을 강조할 필요가 있는 터에 색깔을 사용하면 오히려 좋을 것이라고 생각했습니다. 나는 상이한 미학의 시스템을 삽입할 필요가 있었습니다. 그래서 모든 점포는 개개의 아이덴티티를 갖고 있는 것입니다.

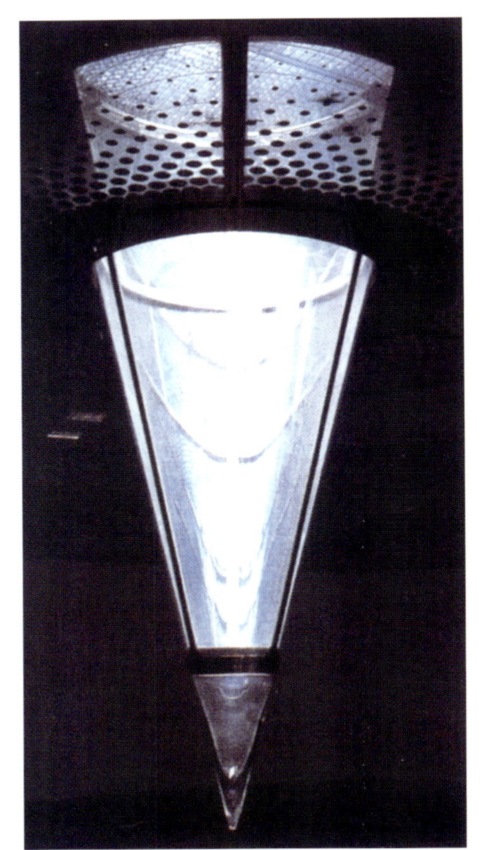

9

8

10

11

"좀 정치적인 측면을 언급하고 싶은데요. 베를린에서는 예외라고 까지도 불리울 정도의 디자인으로 된 이 건물을 만들기 위해 어떠한 절충을 하셨는지요. 누구나 놀라고 있습니다. 그곳에서 이러한 일을 한다는 것은 매우 어려운 일이라는 것을 알고 있기 때문이지요."

J.N: 이것은 공식적인 설계경기였고 그 당선작이었기 때문이 아니겠습니까. 물론 나의 안(案)을 1등으로 뽑는데는 어떤 어려움들이 있었는지 모릅니다. 사실, 베를린에는 이러한 유형의 건축을 바라지 않는다고 털어놓고 말하는 사람도 있었습니다. 그러나, 그것은 결코 현실적인 문제가 아니었습니다. 때때로, 일을 진행해나가는 과정에서 어느 정도의 저항을 받거나 하기 싫을 때도 있었습니다. 더욱이 의뢰자 측에서도 처음부터 불투명한 건물을 희망하는 것 같았으며, 진행됨에 따라 그들은 점점 쉰켈 풍의 베를린 쪽으로 흘러갔고, 어느 사이에 현대적인 건물은 희망하고 있지 않았습니다. 그것은 베를린의 건축은 어떤 것이여야 되는가 하는 문제에 대한 대규모적인 논쟁적 주장이었습니다. 여기에 대해서는 곤혹스러웠습니다. 아마 우리의 안을 선택한 동시에 인간은 전통주의자이기도 하기 때문일 것입니다. 그들은 중세기나 로마네스크의 건축처럼 두터운 벽을 선호하면서도 점포나 오피스를 위해서는 최대한의 바닥면적을 요구하였습니다. 여기서는 그래도 맥이 통한다고 말할 수 있는 것입니다.

"독일의 건축규제는 프랑스와 완전히 다른데요. 모든 것이 프랑스보다 두터움을 요구하는데 이것이 문제가 되였는지요."
J.N: 그렇습니다. 많은 문제들이 있었습니다. 특히, 인테리어 디자인에서 이러한 두터움에 대한 요구가 제기되어 매우 많은 문제를 야기시켰던 것입니다.

12

13

# Gallery La Fayette

## Friedrichstrasse, Franzosische Strasse, Berlin-Mitte, Germany, Jean Nouvel

작품설명

| 디자인 컨셉 |

Jean Nouvel이 디자인한 이 백화점 건물은 건물 내부에 원뿔형의
매스들이 특징이다. 건물 평면을 보면 각각 규모가 다른 원뿔이 곳곳
에 들어서 있고, 이것들은 각 층에서 보면 조각으로도 보이고 오픈 공
간으로도 보인다. 이 원뿔은 투명한 유리로 구성되어 있기 때문에 내
부 공간을 관통하고 있고, 이 원 주위에 통로를 만들어서 공간에 중심
을 세우고 있다. 이 건물은 교차로에 접해 있는데 볼록 모서리부분을
둥글게 처리해서 시각적 부담을 없애고 내부의 원형 이미지를 그대로
밖으로 표출하고 있다. 검은색의 반사 유리를 입면에 적용하고 있기
때문에 내부와 외부가 모두 유리라는 재료가 주된 표현 재료가 되고
있다.

이 건물은 Gallery La Fayette라는 이름을 가진 백화점 체인점이다.
그렇게 큰 규모의 백화점은 아니지만 인근의 다른 백화점과 지하 아
케이드가 서로 연결되어 있어 하나의 쇼핑 공간을 제공하고 있다.

베를린 시내에 위치한 이 백화점은 대로변 한쪽에 주 출입구가 들어서 있고, 각 도로에 면한 쪽으로는 부 출 입구들이 있다. 그리고 도로에 면한 상점들은 별도의 출 입구를 각자 가지고 있다. 내부에 들어서면 위로 뚫린 원뿔과 아래로 뚫린 원뿔이 서로 마주보면서 대형 오픈 공간을 연출하고 있고, 이곳을 중심으로 매장들이 들어 서 있다. 수직 동선은 에스컬레이터가 담당하고 있고, 가운데 오픈 공간이 있기 때문에 한쪽에 치우쳐 배치되 어 있다.

| 프로그램 |

이 건물은 격자의 그리드 체계로 구조가 구 성되면서 가운데 오픈 공간은 원뿔의 경사를 그대로 유지한 구조물이 들어서 있다. 그리 고 다른·원형 공간들은 정사각형 그리드 구 조체 안에서 해결되거나 4개율 묶어서 그 안 에서 구조를 해결하고 있다. 외벽은 금속띠 로 층을 분할하고 나머지는 반사 유리 커튼 월로 마감하고 있다.

| 주요 디테일 |

이 건물은 격자의 그리드 체계로 구조가 구 성되면서 가운데 오픈 공간은 원뿔의 경사를 그대로 유지한 구조물이 들어서 있다. 그리 고 다른 원형 공간들은 정사각형 그리드 구 조체 안에서 해결되거나 4개율 묶어서 그 안 에서 구조를 해결하고 있다. 외벽은 금속띠 로 층을 분할하고 나머지는 반사 유리 커튼 월로 마감하고 있다.

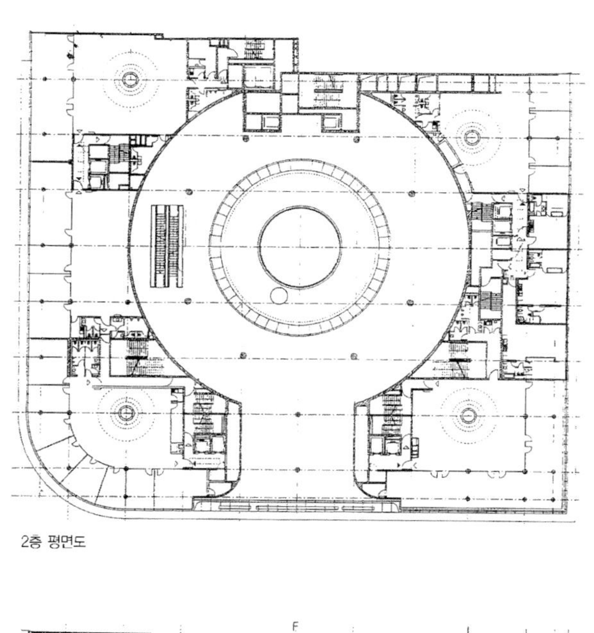

2층 평면도

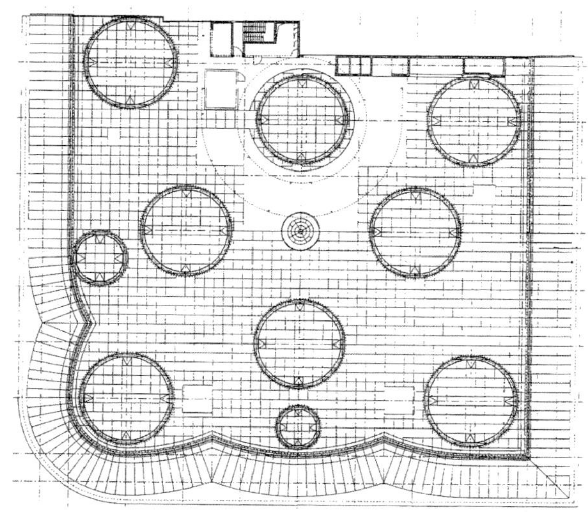

지붕 평면도

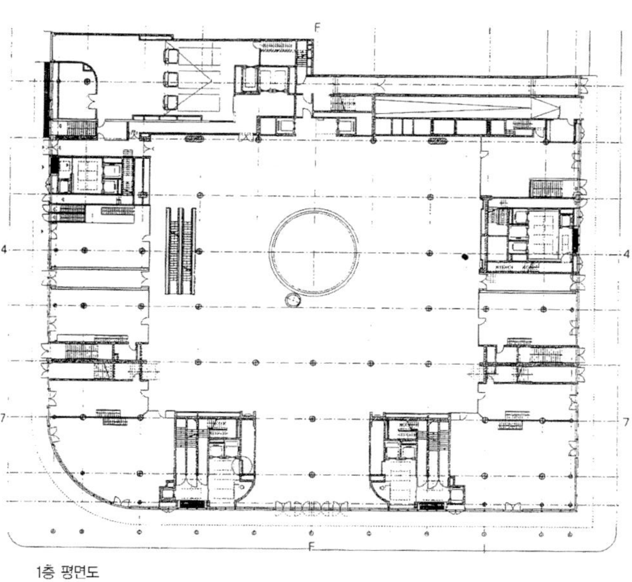

1층 평면도

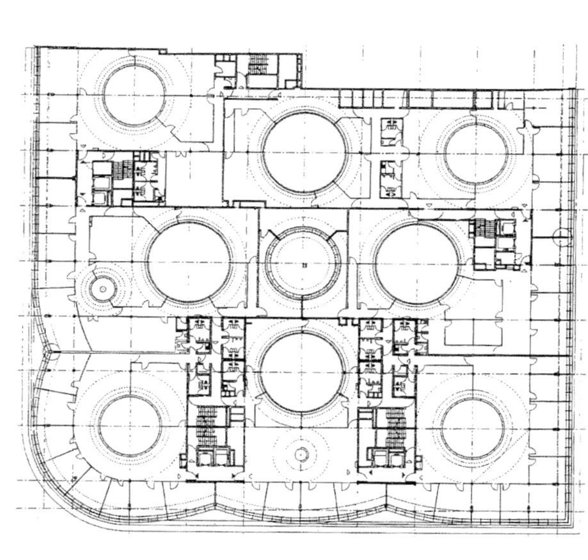

6층 평면도

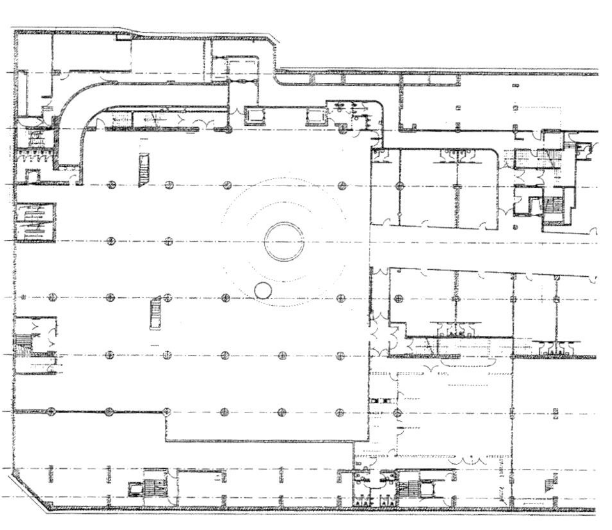

B2 평면도

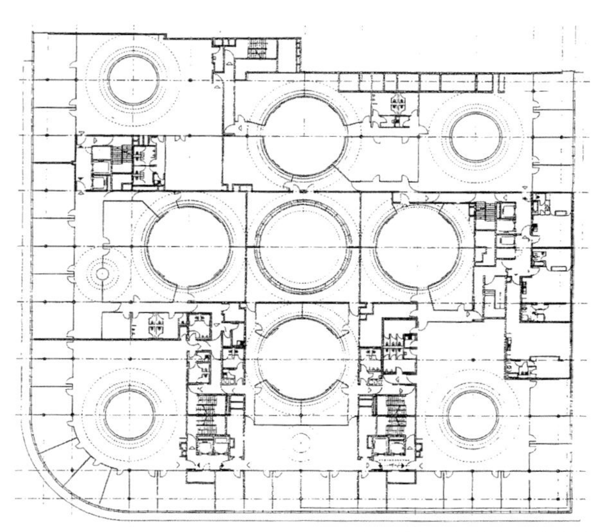

5층 평면도

BRAUDE
BRAUDE
BRAUDE

# IJ tower & Shopping Center 'Brazilie'

이 건물은 Neutelings-Riedijk이 설계한 복합 건물로써 저층부는 쇼핑 센타로 사용되고 고층 타워부분은 집합주택이 들어서 있다. 주변의 건물들이 대부분 저층으로 계획되어 있기 때문에 이 건물의 타워 부분은 이 지역에 상당한 랜드 마크가 되고 있다. 이 건물의 매스는 ㄴ자 형태를 하고 있는데 타워부분의 매스는 모서리 부분을 파내서 조각적인 느낌을 주고 있다. 그리고 전체 건물은 흰색이지만 파들어 간 부분의 색깔을 적갈색으로 처리해서 더욱 음영을 확실히 하면서 강조하고 있다. 입면은 수평 창들이 번갈아 어긋나게 규칙적으로 배열되어 있고, 네 모퉁이에 파인 부분들은 직사각형 면을 통한 추상적인 면 분할을 연상시킨다. 복합 건물로 계획된 이 건물은 저층은 쇼핑센터, 고층은 집합주거로 구분된다. 저층 일자형의 긴 매스에는 슈퍼마켓, 헬스클럽, 카페 등이 들어서 있고 지하에는 주차장, 그리고 옥상에는 옥상정원이 꾸며져 있다. 그리그 타워 매스에는 68가구가 들어서 있는데, 20가지 유형의 평면이 다양한 수용을 충족시키고 있다.

이 건물은 네덜란드의 신도시 개발지역 내에 위치하고 있고, 주변에 항구를 접하고 있다. 대로 변에 위치한 이 건물은 타워부분의 집합주거로 진입하는 동선과 저층의 쇼핑 센타를 이용하는 동선이 서로 구분되어 있다. 각 출입구는 음푹 파인 매스부분을 통해 그 영역을 쉽게 파악할 수 있도록 디자인되었다.

### | 디자인 컨셉 |

이 건물은 Neutelings-Riedijk이 설계한 복합 건물이다. 저층부는 쇼핑 센타로 사용되고 고층 타워부분은 집합주택이 들어서 있다. 주변의 건물들이 대부분 저층으로 계획되어 있기 때문에 이 건물의 타워부분은 이 지역에 상당한 랜드마크가 되고 있다. 이 건물의 매스는 ㄴ자 형태를 하고 있는데 타워부분의 매스는 모서리부분을 파내서 조각적인 느낌을 주고 있다. 그리고 전체 건물은 흰색이지만 파들어 간 부분의 색깔을 적갈색으로 처리해서 더욱 음영을 확실히 하면서 강조하고 있다. 입면은 수평 창들이 번갈아 어긋나게 규칙적으로 배열되어 있고, 네 모퉁이에 파인 부분들은 직사각형 면을 통한 추상적인 면 분할을 연상시킨다.

### | 프로그램 |

복합 건물로 계획된 이 건물은 저층은 쇼핑센터, 고층은 집합 주거로 구분된다. 저층 일자형의 긴 매스에는 슈퍼마켓, 헬스 클럽, 카페 등이 들어서 있고 지하에는 주차장, 그리고 옥상에는 옥상정원이 꾸며져 있다. 그리고 타워 매스에는 68가구가 들어서 있는데, 20가지 유형의 평면이 다양한 수용을 충족시키고 있다.

출입구는 음푹 파인 매스부분을 통해 그 영역을 쉽게 파악할 수 있도록 디자인되어 있다.

백색의 콘크리트로 마감되어 있고 음각 된 부분은 적갈색으로 마감되어 있다.

| 동선순환체계 |

이 건물은 네덜란드의 신도시 개발지역 내에 위치하고 있고, 주변에 항구를 접하고 있다. 대로 변에 위치한 이 건물은 타워부분의 집합주거로 진입하는 동선과 저층의 쇼핑 센타를 이용하는 동선이 서로 구분되어 있다. 그 출입구는 음푹 파인 매스부분을 통해 그 영역을 쉽게 파악할 수 있도록 디자인되어 있다.

| 구조 시스템 |

타워 부분은 26층 규모로 계획되었고, 저층 부분은 3층에 일부 옥탑 층으로 디자인되어 있다. 백색의 콘크리트로 마감되어 있고 음각 된 부분은 적갈색으로 마감되어 있다.

| 주요 디테일 |

폭을 가지고 한층 사면을 모두 두르고 있고, 이웃한 층은 엇갈리게 배치해서 층마다 계속 반복하도록 하였다.

- **수직띠 입면**: 타워는 수직으로 서 있지만 수평 창들에 의해 가로 선이 강조되고 있는데, 일자로 길게 아래로 떨어지면서 수직으로 파인 매스 부분은 면을 적절히 분할하면서 적갈색과 함께 매스를 강조하는 포인트가 된다.
- **카페**: 저층부 옥상에 위치한 카페는 옥상정원으로 바로 진입이 가능하고 주변 항구의 풍경을 감상할 수 있다.

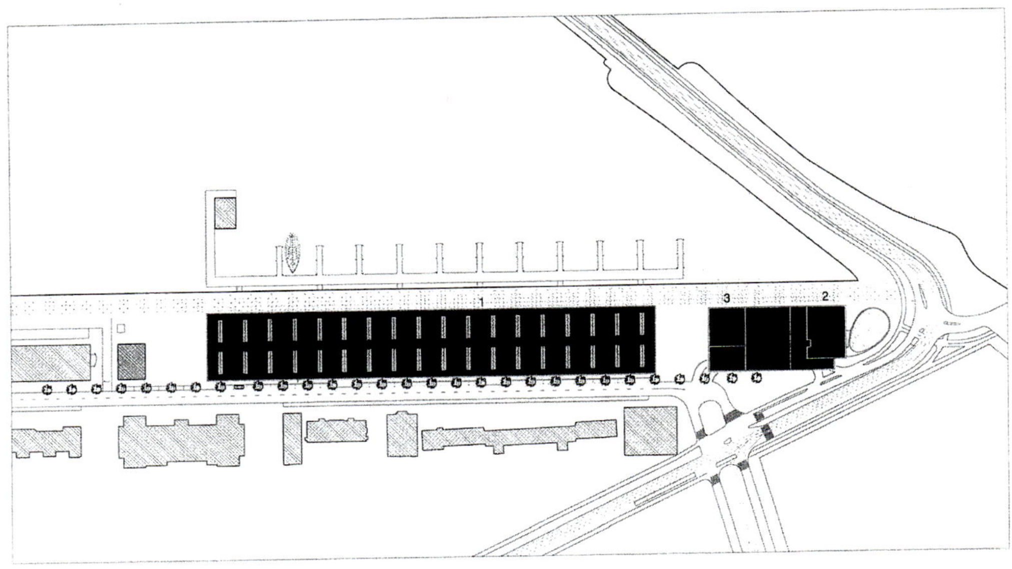

전체 배치도

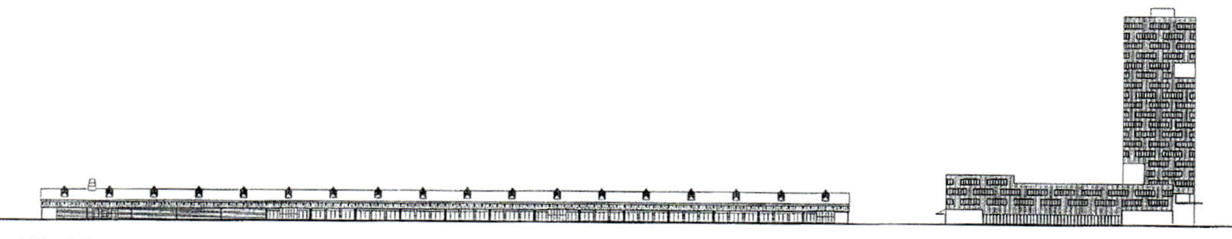

남측 입면도

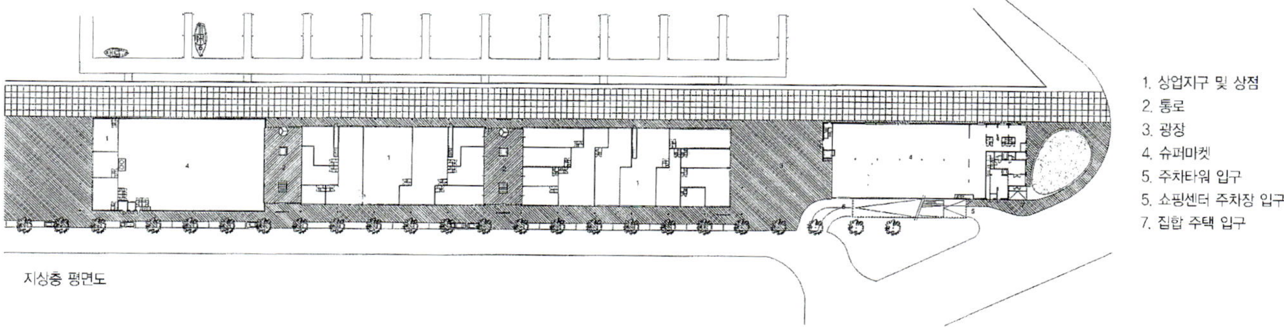

지상층 평면도

1. 상업지구 및 상점
2. 통로
3. 광장
4. 슈퍼마켓
5. 주차타워 입구
5. 쇼핑센터 주차장 입구
7. 집합 주택 입구

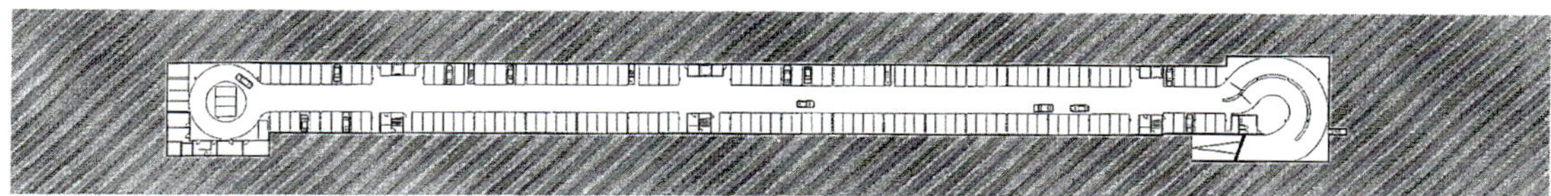

지하층 평면도

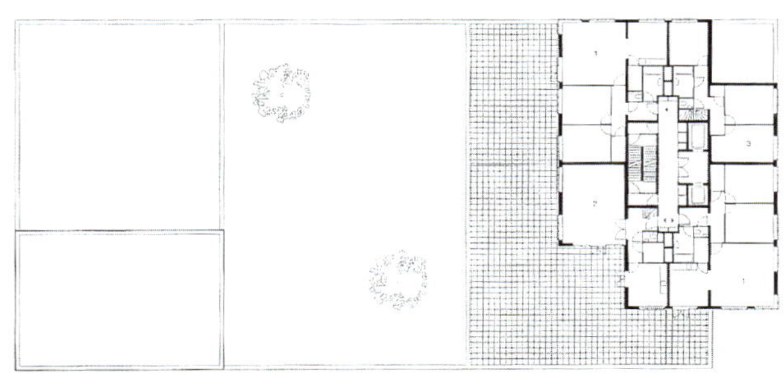



3층 평면도

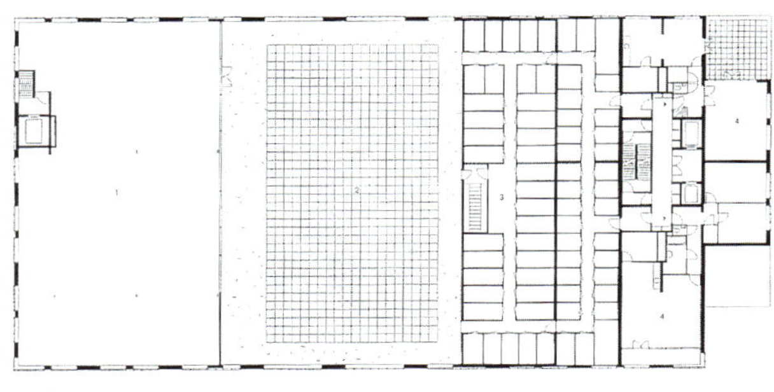



2층 평면도

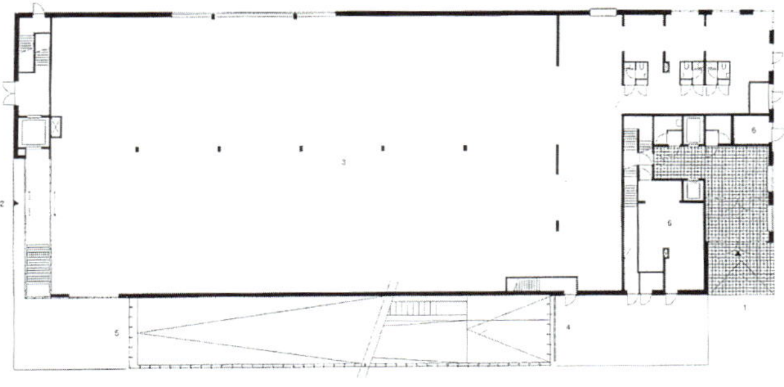



1층 평면도

네덜란드 건축 그룹 Mecanoo가 설계한 이 건물은 로테르담의 강변에 위치하고 있다. 규모가 그렇게 크지 않은 이 레스토랑은 강을 바라보는 3면을 모두 유리로 마감해서 탁 트인 시야를 제공한다. 강변도로와 단을 형성하고 있는 대지에는 아래에 기둥을 박아 건물을 지지하고 있는데, 이 기둥은 앞으로 약간 기울어져 있고, 전면의 유리면 또한 그 기울기대로 서있기 때문에 더욱 공간을 넓게 보이게 하면서 외부로 개방감을 준다. 3면의 유리 면에는 불규칙한 그리드를 적용해서 면을 분할하고 있고, 지붕은 하늘로 향하도록 약간 치켜올리고 물결치는 모양으로 디자인해서 자유로운 이미지를 준다. 그리고 천정면은 메카누가 자주 사용하는 목재로 마감을 하였고 그 면을 실내에서 외부까지 연장시켜서 공간의 경계를 더욱 흩어 놓아 공간영역을 확장시키고 있다. 이 건물은 레스토랑 용도로 계획된 하나의 파빌리온이다. 강변에 위치하고 있어 마치 수상보트 선상에 있는 이미지를 전달하고 있다. 단일 건물의 파빌리온을 형성하고 있는 이 레스토랑은 지상 1층 규모로 계획되어 있다. 주 출입구는 강변 도로변에 위치하고 있고, 아래 강가에서 접근할 수 있도록 옥외 계단이 들어서 있다. 원형 매스가 붙어있는 출입구가 유리 면에 박혀 있는데 이곳을 지나면 벽으로 구획되지 않는 큰 공간을 만나게 된다. 한쪽 벽은 바가 구성되어 있고, 강변 쪽으로 테이블이 있어 모든 자리에서 강을 조망할 수 있도록 되어 있다.

# Mecanoo의 건축사고방식
## : Kasbah in the polder

1991년 OMA 사무실의 건축가들은 Utrecht에 있는 De Unithof 대학의 마스터플랜을 만들었다. 이들 1960년
대의 캠퍼스는 네덜란드의 많은 대학중 하나로서 도시의 외곽에 위치해 있으며 그 당시 예견된 놀랄만한 성장
은 없었다. De Unithof는 캠퍼스에 퍼져 있는 분리된, 주로 콘크리트로 된 건물로 이루어져 있다. 그것은 매
력이 없으며 특징이 없는 장소이다. 마스터플랜의 주 원칙은 '조경 속에 있는 대학' 이었다. 미래의 증축을 고
려한 전체 대학군(群)은 가능한 컴팩트해야 하고 그래서 주위 경관의 개방성을 가질 수 있어야 한다 .그 마스
터플랜은 영역(zone)으로 이루어져 있고 각각은 그들만의 아이덴티티와 역할을 갖는다. 경제경영학부는 카스
바 존(kasbah zone)의 일부인데, 고밀도의 낮고 내향적인 건물들이 있는 넓은 길을 지니고 있다.

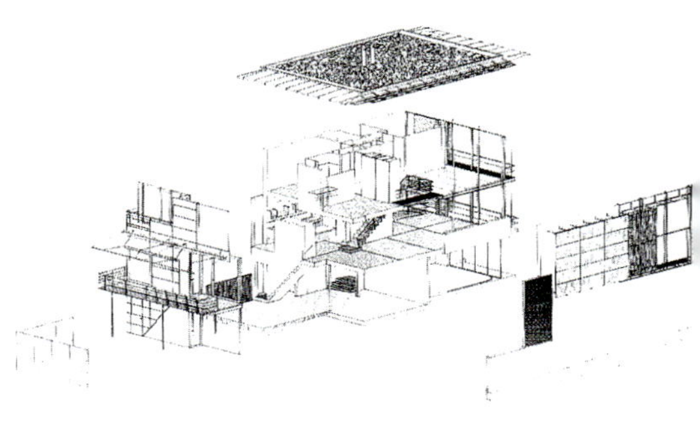

1

### A lot on a large scale

경제경영학부는 도시내부에서 멀리 떨어진 7개의 다른 건물에 위치해 있었다. 새로운 건물은 5,000명의 학
생들을 수용해야 하며, 25,000㎡의 연면적에 400명의 스텝을 수용해야 했다. 그 학교를 위한 프로그램은
무모한 것이다: 학생들을 위한 연구 공간뿐 아니라, 너무 많은 교실, 방들, 계단 강의실, 휴게실, 미디어 센터
등등 이었다. 부족한 예산으로 너무 큰 스케일로 해야 하는 것이다. 하지만 우리는 평범한 것은 원하지 않는
다. 우리는 마스터플랜 안에서 건물을 디자인하는 첫 번째 건축가가 될 것이다. 우리에게 주어진 배치에는 아
무런 설명이 없다.

2

### 카스바(Kasbah)

우리는 카스바(Kasbah)에 대한 생각, 건축 역사 속에서의 현상–알도 반 아이크의 〈Orphanage〉(암스테르
담)과 프랑스 건축가 Candilis & Woods의 〈Freie Universitat〉(베를린) 등에서 1960년대에 관심을 가졌었
다을 조사한다. 후자에 있어 고층 건물은 민주적인 대학에 적합하지 않다고 확신되었다. 그들은 그것들을

3

4

"단열층(insulation layer)"과 연관지어 생각했다. 즉, 교수와 스텝들이 더 이상 아래층이나 위층의 소리에 방해를 받지 않도록 하는 것이다. 2, 3층의 저층 건물은 개인이 성장할 수 있는 장소로서 개방적이고 접근이 용이하며 민주적인 학교를 만들기가 쉽다. 우리는 우리 방식대로 연구하고 분석하며 카스바 (Kasbah) 아이디어를 해석했다. 즉, "북아프리카의 사막 가운데 있는 숲으로서 의 마을."

단순한 건물에서 오직 한 가지 놀라운 요소는 단순하고 중성적인 외벽이 거대 한 문이라는 사실이다. 대학촌 자체는 완벽한 디테일을 가진 장식적인 파티오 (Patio)를 포함하고 있는데 그것이 카스바(Kasbah)의 분위기를 결정한다. 우리 는 학부 건물의 디자인을 위한 중요한 주제로서 카스바(Kasbah)에서 민주적인 것과 파티오(Patio)라는 두 가지 선언을 선택했다.

## Van den Broek and Bakema

1976년에 우리가 델프트 공대의 학생이었을 때 우리는 지금은 악명 높은 Stylosfeest에 의해 비엔날레를 조직했다. 건축학부의 4,000명을 위한 파티는 Van den Broek and Bakema에 의해 디자인되었다. 아름다운 건물은 아니지 만 연구하고 파티하고 전시회를 하기에는 적합한 곳이었고 Stylosfeest는 1층인 지상 층에서 열렸다. 21개의 그룹이 6개의 다른 무대에서 행사를 하였다. 두 개 의 레스토랑, 영화관과 디스코가 조직되었다. 그 당시, 2학년 학생으로서 그 건 물에 더욱 더 감사하기 시작했고, 특별히 기분좋은 "총면적과 순면적의 관계 (gross-net)"때문에 더욱 그랬다. 복도 공간이 많아서 더욱 기분이 좋았다. 아무도 휴게실(canteen)에서 먹지 않았고 연구실에서 스케치하거나 연구를 하 는 학생도 거의 없었다. 모든 것은 홀의 책상이나 복도에서 비공식적으로 일어 난다. 거기가 우리가 토론하는 장소였고 디자인에 대해 그리고 정치, 음악에 대 한 이야기를 나누는 곳이었다. 그곳이 학교를 하나로 만드는 장소였고 영감의 원천이 되는 곳이었다.

## 동선 Circulation

우리는 건축주 Harm Noordhof와 Diane Kattenkamp에게 경제경영학부의 실공간, 통로 공간, 외부 공간의 일반적인 비율을 과감하게 바꾸자고 제안하였 다. 예산 내에서의 일반적인 총면적과 네트 면적의 관계는 방향성 없고 아이덴 티티나 소속감도 없는 너무 긴 복도로 인해 엄청난 크기의 학교가 될 것이다. 건축주들은 그것을 이해했고 다른 방법으로 교수 프로그램과 스케줄을 조직하 기 위한 창조적인 제안을 가지고 조금 뒤로 물러났다. 이것은 우리가 원하는 적 당한 총 ,순면적비를 가진 건물이 되기 위한 범위를 만들었다. 다른 방법대신 에 우리는 교실과 사무실이 복도와 홀 그리고 중정을 형성하도록 디자인했다. 학부의 일상생활은 건물의 통로에서 일어날 것이다.

5

6

7

# 붐피제 레스토랑

### 거 대  도 시  Metropolis

학부 건물은 사실상 거대한 순환하는 기계이며, 많은 학생들이 계속해서 강의실을 바꾸고 상호작용을 위해 밀려드는 곳이다. 사각형의 평면은 4개의 접합부분을 갖게 되는데, 3개의 중정으로 서로 분리되게 되며, 이 것은 건물의 모든 코너를 향해 자유로운 동선을 갖게 한다. 5,000명의 학생들이 매 50분마다 강의실을 바꾸어야 한다는 생각은 Fritz Lang의 영화 〈Metropolis〉를 연상시킨다 : 사람들의 무리가 여기서 저기로 움직이는 모습이다.

리프트는 결코 이렇게 많은 사람들에게는 적합하지 않기 때문에 우리는 걸어서 다닐 수 있는 건물을 만들 것이다. 그래서 높이가 1.2m씩 다른 3층 건물이 되었다. 각 강의실은 그 앞의 강의실보다 20cm씩 높다. 그래서 별로 노력 없이 빈 공간이나 계단실, 다리 경사로를 이용하여 한 층에서 다른 층으로 걸어갈 수 있다. 이런 다른 층으로의 조심스런 배치는 수평의 움직임에 수직적인 비틀림을 부여한다. 그래서 강화된 수직의 움직임은 저절로 3개 층 사이에서 이루어진다. 철제 다리는 정글의 중정을 가로지르고 그래서 이들 외부 영역은 동선 시스템에 포함된다. 경제경영학부는 이렇게 즉각적으로 사방으로 발산되는 건물이기 때문에 더욱 개방적인 것이다.

8

### 집 회  Congress

사람들은 도착하자마자 전체 건물의 훌륭한 그림을 만들 수 있을 것이다. 그 학교에서는 높이, 폭, 깊이를 전체적으로 경험할 수 있다.  주 출입구는 "the congress(즉, 다양한 형태와 크기의 강의실, 통신센터, 레스토랑이 모여 있는 것을 의미한다)"가 있는 주 통로에 있다. 전체는 커다란 얼음조각처럼 디자인되어 있다. 다른 형태와 재료를 가진 4개의 커다란 덩어리는 반쯤 얼음에 잠겨 있고 콘크리트 다리가 더 이상 들어가지 않게 해주고 있다. 강의실로 된 이들 조각 같은 상자들 사이의 공간과 그 밑의 공간은 통신 센터와 주방으로 쓰인다. 이 공간은 또한 철학과의 한 부분이다. 발코니와 복도와 중간층은 주로 편하게 먹거나, 공부하고, 만나며 단지 앉아 있거나 아무것도 안 할수도 있는 공간으로 사용되기 때문이다.

9

**12**

## 외피와 피복 Undressed and dressed

골조가 드러난 구조는 그릴에 의한 새로운 방법으로 가려지기도 하고 드러나기도 한다. 시멘트 피복의 바깥 벽은 철제 그리드의 패널에 의해 숨겨져 있고 때때로 정형화된 나무 격자 창 뒤에서 (그것은 자유분방한 그리드 패턴으로 보이거나 전위적인 것으로 보이기도 한다) 움직이는 알루미늄 스트립이 벽 전체를 덮고 있는데, 마치 거대한 베네치안 블라인드(덧문, 차양)와 같다. 복도에는 기술적인 설비를 위한 배선과 배관이 반투명의 아연 피복된 그리드와 함께 덮여있다. 천장은 음향적인 필요가 있는 곳에만 설치되어 있다. 거친 구조, 설비 마감은 서로 독립적이다. 이것은 전체 건물의 노출되고 꾸밈없는 특성과 동시에 촉각적이며, 감추어진 특성을 함께 강조하는 것이다. 그 건물은 한정된 예산 때문에 드러남과 드러나지 않은 것 사이에 있는 에로틱한 긴장감에 의한 구성이 이루어지고 있다.

## 3개의 중정 Three Patio

**13**

이 건물은 모두 3개의 중정을 가지고 있다. 젠 스타일, 정글식 중정, 수공간 중정이 그것인데 이들 각각은 의미, 장소, 주제가 있다. 그것들은 우리 건물의 핵심을 형성하며 분위기를 결정한다. 전통적인 카스바(kasbah)에서 완벽하게 지켜온 것처럼 중정과 그 벽은 가장 중요한 요소들이다.

## 젠 스타일의 중정 Zen Patio

이것의 디자인은 명상을 위한 일본식 정원에서 영감을 받은 것이다. 그 중정은 딱딱한 재료 속에 있다. 이것은 세 개의 중정 중 가장 정적이다. 그 세로 벽은 나무로 되어 있는데 태양 광선을 막기 위해 서양식 적삼목 그리드로 되어 있다. 젠 스타일의 중정은 두 종류의 자갈과 12개의 커다란 바위들 그리고 두 그루의 나무로 이루어져 있다. 두 종류의 자갈은 평행한 선으로 놓여 있어 중정의 길이는 더욱 강조된다. 그들은 색깔로는

**14**

**15**

**16**

# 붐피제 레스토랑

가볍게 구분되지만 재질감은 강하게 구분된다. 즉, 작은 빙토석 조약돌과 가늘고 평평한 자갈(flachkorn)이다. 그들은 코르텐의 좁은 길로 나누어진다. 자갈밭에는 커다랗고 붉은 브라운 색의 블록돌이 있다 : 한쪽에는 좀 작은 것들 그리고 다른 쪽에는 커다란 사각형과 길게 늘린 돌들이 있어 수평과 수직을 이룬다. 두개의 나무들은 소포라(sophora)인데, 녹색의 작은 가지들과 가느다란 녹색 잎을 가지고 있어 돌, 자갈, 목재 패널로 된 벽과 매력적인 대조를 이룬다.

사람들은 중정을 둘러싸고 있는 교실과 사무실에서 매시간 마다 다른 구성을 볼 수 있다. 밤까지 조명이 낮은 위치에 있어 두 개의 조명을 받은 나무들이 서 있는 곳에서 빛나는 돌과 커다랗고 어두운 그림자의 장관을 만들어낸다.

## 정글 중정 Jungle Patio

이 중정은 다각의 역동적인 형태를 가지고 있으며 3개 중 가장 크다. 테라스와 철제 통로로 정글을 느낄 수 있지만 그곳에 들어갈 수는 없다. Linda Verkaaik이 디자인한 청동의자에 앉을 수 있다. 그녀는 단단한 그리드를 철제 대나무 shoot로 만들었고 다양한 색상의 모자이크로 사각 그리드를 장식했다. 다른 색과 크기의 실제 대나무는 시간이 지남에 따라 이 다리 위에 우거질 것이다: 자연은 결국 승리한다!

크고 수평적인 잎을 가진 나무들은 공간을 만들기 위해 정글에 있다. 대나무는 기분 좋은 속삭임을 만들어낸다. 통로가 구부러지는 데서 3개의 일본식 nut tree가 있고 그 딱딱한 형태는 대나무의 움직임과 대조를 이룬다.

17

18

19

20

## 수공간 중정 Water Patio

수공간 중정은 세 개중 가장 좁으며 70m의 길이와 14m에서 4m로 가늘어지는 넓이로 이루어져 있다. 유리로 된 통로는 투명함을 보존하는데, 들판과 버드나무를 가진 열린 조경과 관련 있다. 수공간은 건물 안의 고요를 상징한다. 지면 색깔의 도자기로 된 원은 이러한 반짝이는 표현에서 부채꼴로 펼쳐지는데 그것은 Vera van der Leun의 작품이다. 반사되는 pool로서 물은 그 영역을 실제보다 더 크게 보이게 한다. 물은 예술 작품들과 부드러운 벽을 반사시키며 더 중요한 것은 하늘을 반사시킨다는 것이다. 물의 표면은 지속적으로 날씨의 변화와 함께 변하고 있다. 중정은 밤에는 한쪽에서 나오는 불빛이 비친 아래쪽 물로 인해 빛난다. 단지 도자기 요소의 한 부분이 빛나며 커다란 그림자 박스(cast shadow)를 만들고 있다.

## 마감 Finishing touch

건물의 프로세스는 23개월 걸렸다. 23개월 동안 원예가는 4주 동안 정원배치를 하였다. 그것은 감동적인 순간들이었다. 정원은 콘크리트 건물을 따뜻하고 차가움이 만나도록 보완해준다. 중정은 끝났다. polder(네덜란드의 간척지)의 카스바(Kasbah)는 완성되었다. 학생들과 직원들은 이제 그들의 건물을 사용할 수 있다.

21

22

23

24

# Boompjes Restaurant

Boompjes 1, Rotterdam, The Natherlands, 1990, Mecanoo

## | 디자인 컨셉 |

네덜란드 건축 그룹 Mecanoo가 설계한 이 건물은 로테르담의 강변에 위치하고 있다. 규모가 그렇게 크지 않은 이 레스토랑은 강을 바라보는 3면을 모두 유리로 마감해서 탁 트인 시야를 제공한다. 강변도로와 단을 형성하고 있는 대지에는 아래에 기둥을 박아 건물을 지지하고 있는데, 이 기둥은 앞으로 약간 기울어져 있고, 전면의 유리면 또한 그 기울기대로 서있기 때문에 더욱 공간을 넓게 보이게 하면서 외부로 개방감을 준다. 3면의 유리 면에는 불규칙한 그리드를 적용해서 면을 분할하고 있고, 지붕은 하늘로 향하도록 약간 치켜올리고 물결치는 모양으로 디자인해서 자유로운 이미지를 준다. 그리고 천정면은 메카누가 자주 사용하는 목재로 마감을 하였고 그 면을 실내에서 외부까지 연장시켜서 공간의 경계를 더욱 흩트려 공간영역을 확장시키고 있다.

## | 프로그램 |

이 건물은 레스토랑 용도로 계획된 하나의 파빌리온이다. 강변에 위치하고 있어 마치 수상보트 선상에 있는 이미지를 전달하고 있다.

단일 건물의 파빌리온을 형성하고 있는 이 레스토랑은 지상 1층 규모로 계획되어 있다. 주 출입구는 강변 도로변에 위치하고 있고, 아래 강가에서 접근할 수 있도록 옥외 계단이 들어서 있다. 원형 매스가 붙어있는 출입구가 유리 면에 박혀 있는데 이곳을 지나면 벽으로 구획되지 않는 큰 공간을 만나게 된다. 한쪽 벽으로는 바가 구성되어 있고, 강변쪽으로 테이블이 배치되어 있어 모든 자리에서 강을 조망할 수 있도록 되어 있다.



강변과 도로 사이의 단차를 해결하기 위해 건물을 필로티로 세워 구성하고 있다. 이 기둥들은 사선으로 비스듬하게 세우고 이 각도가 입면에 그대로 적용되고 있다. 유리 입면에는 철골 부재가 임의의 면으로 분할되어 전체 면을 지지하고 있고, 지붕면은 목재를 이용해서 물결모양으로 디자인해서 가볍게 처리하고 있다.



- **벽**: 강변에 접한 입면은 직사각형의 대리석 벽으로 마감해서 다른 유리면에 대해 강한 대조를 이루고 있다.
- **지붕**: 직사각형의 유리면으로 구성된 매스에 상대적으로 비스듬하고 물결모양으로 디자인된 지붕은 건물 전체를 역동적인 이미지로 보이게 한다.

boompies

# 발스 목욕장
## Vals Thermal Bath

스위스의 대표적인 풍토 건축가 피터 줌토르(Peter Zumthor)는 가장 스위스적인 건축가라 할 수 있을 정도로 스위스의 풍토와 자연을 가장 건축적으로 잘 표현하고 있다. 그는 건축을 통해 이미지의 형태를 탐구한다고 했는데, 그것은 우선 "적합한 형태"를 요구하는 한편, 사물 안에 이 "적합함"을 반영하는 것을 지향하고 있다고 한다. 그의 이러한 건축적 탐구는 상징적인 것을 요구하는 것이 아니라 표현의 수단으로서 소재에 주목한 것이 특징이다. 그의 건축에서는 소재가 두 가지의 요소로서 나타나고 있는데, 이 두 가지의 의미를 말로 표현한다면 소재는 그것이 현재 존재하는 것 그리고 거기에 무엇인가 작용된 것으로서 나타난다. 그에 의하면, 이러한 소재 표현을 위해서는 하나의 전제 조건이 있는데 그것은 간결한 형태이다. 이를 통해 줌토르가 표현한 것처럼 "소재의 실재가 느껴질 수 있다."는 것이다.

그의 건물에서는 이러한 관계가 일목 요연한데, 〈성 베네딕트 교회〉의 경우, 그 형태는 표피를 구조화한 것이라고 할 수 있다. 전체적으로 건물은 곡면을 이루며, 마치 연속되는 피부로서 읽혀지는 것이다. 그러나, 이 날렵한 형태를 가치 있게 만들어 주는 것은 지붕의 코케라즙 나무이다. 즉, 이 재료가 여러 나무로 완성되어 있기 때문이다. 그 결과, 지붕의 남쪽은 검은 색이며 북쪽은 회색으로 처리되어 있다. 마치 오래된 도면과 같이, 소재는 부분 부분으로 나누어져 그것으로 결과한 독자성을 획득한다. 그러나 깔판, 널 판지, 마루청과 같은 재료는 교의적으로 사용되지 않으며 구조체로서의 표현도 이루어져 있지 않다. 예를 들어, 벽의 외피는 있는 그대로의 진실의 모습으로서 제시되고 있다. 이렇게 해서 재료와 형태 사이에는 상호 관계성이 인정되는 것이다. 이러한 상호 관계성은 몇 안 되는 표현으로 환원되어 가는데, 깔판을 깔거나 널판지를 틈새 없이 처리하거나 코케라즙을 서로 맞춤으로서 사람들이 일상적으로 실천하고 있는 단순한 편성의 표현을 나타내고 있는 것이다. 기둥이나 철재, 그리고 재료간의 접합부에도 거의 디테일은 눈에 띄지 않는다. 그것의 의미는 줌토르가 강조하는 "간소성", "필연성", "즉물성", "엄밀성"의 표현을 위한 것이다. 그러나 그것은 그 자체가 의미를 지니는 것은 아니다. 그 의미는 건축을 봄으로서 알게 되어 있다. 즉, 감각적인 경험의 대상으로 봄으로서 알게 되는 것이다. 줌토르의 〈성 베네딕트 교회〉와는 다소 구성이 다르지만, 〈발스 목욕장〉은 건축 재료와 형태간의 상관성을 강하게 느낄 수 있게 해주는 피터 줌토르의 대표적인 작품일 것이다. 전체적인 구성은 강한 기하학적 특성으로 특징지어지고 있으며, 짙은 화강암 같은 외벽의 대리석은 고대 로마 건축의 기하학과 구조 및 재료적 특성을 반영하는 것 같은 느낌이 강하다.

# Peter Zumthor의 건축사고방식

피터 줌토르(Peter Zumthor)에 관한 평론을 시인의 작품을 인용하는 것으로부터 시작하는 것은 단순한 착상은 아니다. 원래 줌토르는 책을 잘 읽는다, 물론 페소아의 책도 읽고 있다. 책은 그에게 있어 중요한 것이다. 그리고 그는 글도 쓴다. 줌토르에게 있어, 독서와 집필이라고 하는 2개의 형식은 건축 설계와 같이, 여러 가지 물건을 명확하게 해석하고 그것들에 대해 우리가 어떻게 관계되고 있는지를 해석하는데 있어서 중요한 수단이 되고 있다. 그리고 가장 중요한 것은 페소아의 문장으로부터 인용해 말한다면, "우리가 보고 있는 것, 그것은 우리가 보고 있는 것이 아니다. 그것은 우리가 현재 있는 자신의 모습 그 자체를 보고 있는 것이다."

줌토르는 농촌에 주거지를 짓고 거기서 창작 활동을 하고 있다. 그의 아틀리에는 헛간에 끼어있는 듯 세워져 있다. 이러한 아틀리에의 환경은 그가 설계하는 건축에 큰 영향을 주고 있다. 완전히 다른 장소의 빛, 과거의 빛 안에 건축을 부상시키는 것이다. 이 빛은 간소성, 즉물성, 필연성이라는 개념에 채색을 하고 있다. 그러나 그의 건축을 보면, 이러한 숨겨진 간소성, 즉물성, 필연성과 같은 특성은 눈치챌 수 없다. 그것은 마치 오래되어 다갈색으로 변색된 사진의 세계와 같다. 그러나, 그 때문에 사람들은 그의 건축을 잘못 해석해 버리고 만다. 그는 "오래된" 소재, 목재, 석재를 기꺼이 설계에 받아들인다. 그리고 다른 건축가도 똑같이 이러한 소재를 이용하고 있다. 그가 이러한 소재를 이용해 어떻게 건축을 설계하고 있는지 우리는 그것을 알아보지 않으면 안 된다.

줌토르에게 있어, 그 자신의 건물을 주변의 환경 안에 매몰시키는 것은 의미가 없다. 즉, 일종의 의태(擬態)는 그에게 있어 중심적인 과제가 아닌 것이다. 확실히 설계 시에는 대지 주변에 존재하고 있는 오래된 것이 주된 역할을 하고 있다. 그러한 역할이란 아놀드 하우저가 말한 것과 같다. 그는 다음과 같이 말했다. "새로운 전개란 낡은 것으로부터 생겨난다. 그러나 낡은 것 자체는 새로운 빛 안에서 변용 된다"(『예술과 사회』). 낡은 것은 이 빛 안에서 해석되지 않으면 안 된다. 도시는 세계의 빛 안에 노출되어 있다─마치 텔레비전 화면의 빛과 같이.

줌토르가 이용하는 소재는 어떤 종류의 의미를 띄고 있다. 최초의 단계에서, 소재는 설계 여건으로부터 결정된다. 예를 들어, 대지에 그러한 건물이 어떻게 설정되는지와 같은 관점으로부터 결정되는 것이다. 하르덴슈타인에 있는 그의 아틀리에는 낡은 정원 안의 벽 뒤편에 위치하고 있다. 이 마을에서 그가 일하는 장소인 이 건물은 목조로 세워져 있다. 목재라는 소재에 의해 아틀리에 건물은 그가 일하는 이 환경에 용해되고 있다. 이러한 헛간에 대한 건축의 관계성이란, 결코 모조(模造)와 같은 것은 아니다.

그 관계성의 심상 풍경에는 두 번째의, 그리고 세 번째의 심상 풍경이 중층화 되고 있는 것이다. 보다 넓은 판은 보다 좁은 것에 양보하며, 줄눈은 묻혀 있는 것이 아니라 열린 채로 존재한다. 이렇게 해서 판은 그대로 희미한 빛을 받아들인다. 이 때, 줄눈은 그러한 밖으로부터의 빛의 흔적 그 자체의 표현이 되고 있다.

피터 줌토르는 어떻게 그가 아이의 마음을 가지는 것에 대처했는지를 말하면서, 어째서 그렇게 하지 않을 수 없었는지에 대해 건축가로서 그 이유를 찾으려고 시도하고 있다. 이것은 사물의 본질이 표현된 것으로서의 형태이며, 그 형태야말로 사물의 본질이 표현되고 있는 것이다. 이것은 조각가 콘스탄틴 브랑쿠지가 "본질적 형태"라고 명명한 그것이다.

1

2

3

4

5

6

이 형태에 어프로치 하는 줌토르의 수법이야말로는 "심상 풍경"의 개념인 것이다. 그것은 그 뿐만 아니라 모두에게 있어 중요한 위치를 차지하고 있다. "형태가 어떤 일정한 시대를 배경으로 해서 이용됨에 따라, 그 형태 내부 자체에 의미가 퇴적되어 간다. 그러한 의미에서 형태에 임하고 있다"고 진술하고 있다. 시대를 배경으로 획득된 것으로서의 의미야말로, 내가 "심상 풍경"이라는 말로 의도하고 있는 그 형태로 이끌어 주는 것이다. 줌토르가 스스로 말한 바에 의하면, 그는 설계 시에 머리 속에서 각각의 건축에 적절한 심상 풍경을 찾고 있다고 한다. 그렇게 함으로서 그는 건축의 고유성을 해석하려고 시도하고 있다는 것이다. "사람들은 나를 현상주의자로 보고 있는 것 같다"고 그는 어깨를 움츠리면서 말했다. 이러한 "상표"에 대해 그는 그다지 걱정하지 않는다. 그러나, 이 경우에는 그 상표가 올바른 것 같다. 현상학의 생각에서는, 예를 들어 스포트라이트(spotlight)의 빛이야말로, 경험이 사물 안으로 비쳐 들어옴으로 해서 사물의 본질이 성립한다고 한다.

줌토르가 교편을 잡고 있는 아카데미의 학생들에 대해서도, 그들이 자신의 경험을 기초로 해서 작업을 하는 것을 줌토르는 요구하고 있다. 학생들은 설계 과정 안에서 그들의 추억 가운데에 떠오르는 공간, 그 공간의 어디에 마음이 움직였는지, 항상 자문 자답이 부과되고 있다. 그 공간은 어떻게 획득되었는지. 어떤 냄새가 자욱하게 나는지. 나의 소리는 그곳에서는 어떻게 울리는지. 빛은 어떻게 비치는지 등등. 심상 풍경이란 그러한 의미를 부여할 수 있었던 경험 중 여러 가지를 전체성이 있는 것으로 통합한다. 그것은 사물을 파악하고 있다. 그러나 그것은 사물 그 자체 정도로는 명료한 모습을 나타내지 않는다. 그러나 자신에게 있어 그 사물이 어떻게 존재할 것인가는 확실하다. 자기 자신에게 있어 사물이 가지는 의미라는 것은 공간을 수반한 경험의 내부에 생기는 것이다.

이러한 명제에 대해 알도 로시는 다음과 같이 훌륭한 해석을 남기고 있다. "우리가 사물에 임하고 있는 것은 우리가 추억에 임하고 있는 것이다." 다른 아무것도 아닌, 우리 자신과 맞붙고 있는 것이다.

그러나 사람들은 이 문장을 반대로 해석할 수도 있다. 우리가 자기 자신에게 맞붙고 있을 때란, 우리가 사물에 임하고 있는 것이다. 그 물건에 대해 우리의 경험은 즉물화 되고 있다. 헛간 오두막에 비유하면, 그 소리를 생각해 냄으로서, 텅텅 빈 다락방을 걸었던 경험이 상기된다. 우리가 다시 그 옛날의 소리를 들으면, 그 분위기의 추억을 기점으로 공간 전체가 뇌리에 퍼져 간다. 이러한 예는 단순한 착상이 아니다. 이러한 생각에 의거해, 줌토르는 그가 〈마산스의 양로원〉을 설계했을 때, 우선 최초로 거기에 적절한 경관 구조를 지니는 대지를 찾아냈던 것이다.

발터 벤야민은 이러한 사상에 대해 인상 깊은 심상 풍경을 발견했다. 그는 노광(露光) 시간이 긴 옛 사진의 감광판의 추억에 대해 말한다. "가연성이 있는 마그네슘으로부터 돌연 생기듯이, 이것은 어느 날, 그리고 지금은……공간을 한 장의 플레이트 안에 가두어 둔다. 이 심상 풍경의 중심점 안에, 그러나 실은 우리 자신이 있는 것이다"(『베를린의 유년 시절』). 확실히 설계란 이러한 의미에 대해, 스스로를 생각해 내는 행위인 것이다. 사물에 대해 말하는 것은 줌토르에게 있어 중요하며 그것은 확실히 그의 아틀리에에서 일하고 있는 모습 그 자체인 것이다. 그 목적이란, 마그네슘에 점화하여 추억의 감광판 안에서 찾은 그 사물을 봉인하는 것이다. 그리고 다시 말하면, 그 사물 안에 경험을 봉인하는 것이다.

따라서 줌토르의 건축은 우리가 사물로부터 얻어내는 경험을 묶어내고 있다. 그러나, 그 경험을 재현하는 것이 목적은 아니다. 그리고 그것은 원래 불가능하다. 왜냐하면, 우리 자신은 새로운 경험을 통해 벌써 다른 것으로 변용 되어 버리기 때문이다. 오히려 본래의 목적이란 우리가 "어떻게든 하는" 유추를 통해 새로운 경험

# 발스 목욕장

과 낡은 경험을, 시대를 지양하는 듯한 방법을 개입시켜 묶어내는 것에 있다. 벤야민은 쇼킹한 체험에 대해 말하고 있다. "마치 벌써 어디선가 체험했던 것과 같이, 순간에 의식 안에 비집고 들어가 버렸다." 이러한 말을 인용한 그의 책 『베를린의 유년 시절』에는 건축적인 사물 안에 봉인할 수 있었던 추억이 쓰여져 있다.

우리는 사물을 과거부터 원래 그대로 뽑아낼 수 없다. "만약 우리가 보고 있는 그것이 우리의 추억의 프레임에 겹쳐진 것이라면, 동시에 추억은 우리가 보고 있는 그것에도 정확히 겹쳐진다"(『하르프박스 저작집』). 이와 같이 해서, 모리스 하르프박스는 낡은 체험과 새로운 체험이 서로 의존하는 관계를, 사물이 종국적으로 시(詩)를 낳는 지점에 이르기까지 끌어내었다. 이러한 의미에서의 시(詩)야말로 피터 줌토르가 임하고 있는 그것이다. 강의 중에서 그는 이 의미에 대해 다음과 같이 말하고 있다. 즉, 우리가 어떤 사물에 관련되어 얻을 수 있었던 경험 안에, 다른 경험에서의 추억이 침입해 온, "수많은 심상 풍경……은 진한 것이 되어 간다"(『사물에의 정열에 대하여』). 낡은 심상 풍경은 종국적으로는 새로운 심상 풍경이 되어 간다. 그 새로운 심상 풍경이란 어떠한 식으로도 아직 경험이 없었음에도 불구하고 우리가 "어떠한 방법으로" 이미 알고 있는 듯한 심상 풍경을 말한다.

우리는 순간적으로 줌토르가 설계한 건물의 전모를 간파할 수 있다. 그것은 그가 쿨의 거리에 로마 시대의 벽 유적을 보호하기 위해 설계한 건물에서인데, 그것은 전체가 루버로 구성되어 있다. 그 때문에 그 틈새로부터 빛이 내부 공간으로 들어온다. 이 구조 자체는 확실히 여러 가지 현실적인 여건으로부터 구성되어 있다. 그러나 이 구조가 가지는 매력이 자아내는 것으로부터 나는 다만 나의 경험으로 밖에 설명할 수가 없지만, 과거에 풀을 쌓은 헛간의 내부를 생각해 냈던 것이다. 그곳에서는 빛이 마치 연기와 같은 상태로 판재의 틈새로부터 들어오고 있었던 것이다. 그 해질녘과 같은 분위기를 나는 이 건물 안에서 재발견했던 것이다. 그리고 과거의 유물인 벽이 이 공간 안에 떠오르고 있다. 확실히 지상(地上)의 편성(編成)인 것이다.

그러나 이 경험을 어릴 때에 하지 않았다면, 다른 사람은 또 다른 심상 풍경에 의해 건물을 만들어 가는 것일까. 이러한 의미에서의 건축에 대해 정확하게 표현한 것은 마르셀 푸르스트이다. 그의 저서 『없어졌을 때를

7

8

"

10

요구하며」안에는 이렇게 기록되어 있다. 그것은 독자에게 불가결한 도구로서, "그 때 그들은 이미 나의 독자는 안될 것이다. 독자 자신의 독자가 될 것이다." 만약 우리가 이러한 관점을 떠나 건물을 본다면, 우리는 이 건축에 자기 자신의 경험을 거듭하는 것이 틀림없다.

사물을 경험한다는 것은, 각각 개개인의 경험 안에만 머물지 않는다. 나의 경험은 동시에 하나의 보편적인 경험일 것이다. 이 보편적 경험이 피터 줌토르가 건축을 통해 찾고 있는 테마이다. 따라서 설계란 그에게 있어, 과거에 경험한 형태를 보편화하는 것이다. 즉, 보편적인 형태(「역사」에 이르지 않는 형태)가 되는 듯한, 경험을 환원시키는 것이다. 이러한 환원화는 간소화와 대응하고 있다. 즉, 이 환원화란 사물을 인지하는 원칙의 인지 이론에 있어서의 간소화를 가리킨다. 보는 것은 사물의 소형을 보는 것이다. 그 소형이야말로 우리가 본질적인 것으로 느끼고 있는 것이다.

11

12

13

14

15

# Vals Thermal Bath

## Vals, Switzerland, Peter Zumthor



### | 디자인 컨셉 |

스위스의 대표적인 풍토 건축가 피터 줌터(Peter Zumthor)는 가장 스위스적인 건축가라 할 수 있을 정도로 스위스의 풍토와 자연을 가장 건축적으로 잘 표현하고 있다. 그는 건축을 통해 이미지의 형태를 탐구한다고 했는데, 그것은 우선 "적합한 형태"를 요구하는 한편, 사물 안에 이 "적합함"을 반영하는 것을 지향하고 있다고 한다. 그의 이러한 건축적 탐구는 상징적인 것을 요구하는 것이 아니라 표현의 수단으로서 소재에 주목한 것이 특징이다. 그의 건축에서는 소재가 두 가지의 요소로서 나타나고 있는데, 이 두 가지의 의미를 말로 표현한다면 소재는 그것이 현재 존재하는 것 그리고 거기에 무엇인가 작용된 것으로서 나타난다. 그에 의하면, 이러한 소재 표현을 위해서는 하나의 전제 조건이 있는데 그것은 간결한 형태이다. 이를 통해 줌터가 표현한 것처럼 "소재의 실재가 느껴질 수 있다."는 것이다. 그의 건물에서는 이러한 관계가 일목 요연한데, 〈성 베네딕트 교회〉의

이에는 상호 관계성이 인정되는 것이다.

이러한 상호 관계성은 몇 안 되는 표현으로 환원되어 가는데, 깔판을 깔거나 널판지를 틈새 없게 처리하거나 코케라즙을 서로 맞춤으로서 사람들이 일상적으로 실천하고 있는 단순한 편성의 표현을 나타내고 있는 것이다. 기둥이나 철재, 그리고 재료간의 집합부에도 거의 디테일은 눈에 띄지 않는다. 그것의 의미는 줌터가 강조하는 "간소성", "필연성", "즉물성", "엄밀성"의 표현을 위한 것이다. 그러나 그것은 그 자체가 의미를 지니는 것은 아니다. 그 의미는 건축을 봄으로서 알게 되어 있다. 즉, 감각적인 경험의 대상으로 봄으로서 알게 되는 것이다.

줌터의 〈성 베네딕트 교회〉와는 다소 구성이 다르지만, 〈발스 목욕장〉은 건축 재료와 형태간의 상관성을 강하게 느낄 수 있게 해주는 피터 줌터의 대표적인 작품일 것이다. 전체적인 구성은 강한 기하학적 특성으로 특징지

경우, 그 형태는 표피를 구조화한 것이라고 할 수 있다. 전체적으로 건물은 곡면을 이루며, 마치 연속되는 피부로서 읽혀지는 것이다. 그러나, 이 날렵한 형태를 가치 있게 만들어 주는 것은 지붕의 코케라즙 나무이다. 즉, 이 재료가 여러 나무로 완성되어 있기 때문이다. 그 결과, 지붕의 남쪽은 검은 색이며 북쪽은 회색으로 처리되어 있다. 마치 오래된 도면과 같이, 소재는 부분 부분으로 나누어져 그것으로 결과한 독자성을 획득한다. 그러나 깔판, 널판지, 마루청과 같은 재료는 교의적으로 사용되지 않으며 구조체로서의 표현도 이루어져 있지 않다. 예를 들어, 벽의 외피는 있는 그대로의 진실의 모습으로서 제시되고 있다. 이렇게 해서 재료와 형태 사

어지고 있으며, 짙은 화강암 같은 외벽의 대리석은 고대 로마 건축의 기하학과 구조 및 재료적 특성을 반영하는 것 같은 느낌이 강하다.

건물의 전체적인 프로그램은 목욕장으로서의 기능에 충실하게 처리되어 있다. 발스 지역은 스위스 중부 지역의 깊은 산지에 위치해 있는데, 험한 산 중턱이라는 불규칙한 대지에 비해 강한 기하학적 특성을 나타내며 위용을 자랑하고 있다.

평면을 보면 알 수 있듯이, 건물은 전체 3층이며 대지의 경사로 인해 어디가 주 층인지는 불확실하다. 또한 목욕장이 호텔에 속해 있어 주 출입구가 호텔 측 입구에 있으며, 호텔의 전면 가든이 연장되어 목욕장의 옥상부분으로 연결되어 있다. 이곳에서 보면, 일부 옥외 노천 욕장이 설치되어 있

| 동선순환체계 |

건물로의 이동은 심한 경사지로 인해 도보로는 접근이 수월치 않은데, 일단 호텔 쪽으로 진입해야 접근이 가능토록 되어 있다. 호텔로 진입하면, 호텔 프런트를 통해 밑으로 내려가고 그 곳을 통해 관리실과 탈의실로 이동하도록 되어 있다. 주 욕장으로의 접근은 탈의실에서 다수의 계단을 통해 밑으로 내려가면 가능하며 이 곳을 통해 옥상 욕장으로도 접근이 가능하다.

| 구조 시스템 |

건물의 주 골조는 철근 콘크리트조이며 기하학적 특성과 지역성을 강하게 반영하기 위해 짙은 색의 대리석이 외장재로 사용되었다. 실내 마감 역시 목욕장에서는 대리석이 사용되었으며, 건물 내외부가 통일성 있게 처리되어있다.

으며, 목욕을 하면서 다양한 경관을 감상하도록 처리되어 있다. 그라운드 층 부분에는 치료 기능의 다양한 서비스 시설이 설치되어 있고 그 상층에는 주 실내 욕장이 설치되어 있다. 입구 측에는 락커실과 탈의실 그리고 관리실이 호텔과 연결되어 있다.

지형

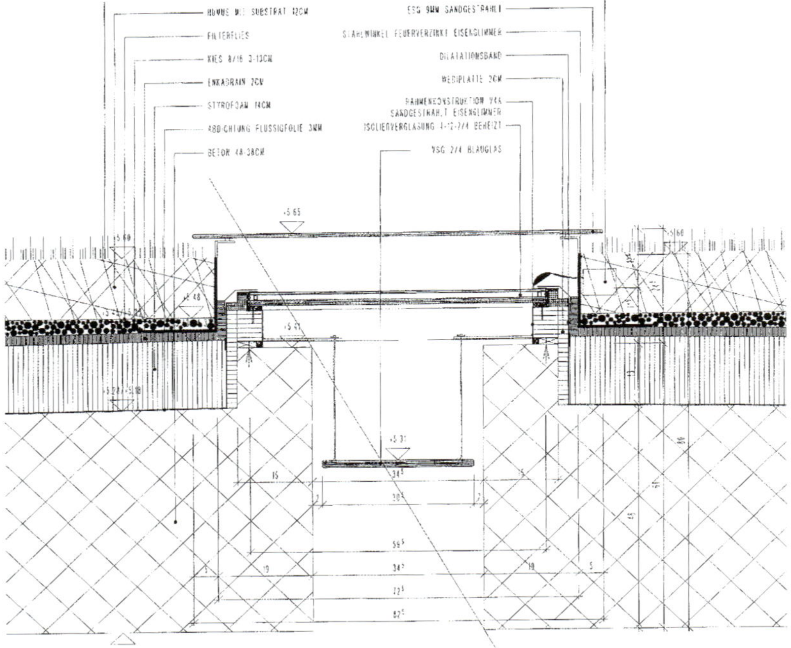

Detail of skylight over the indoor bath

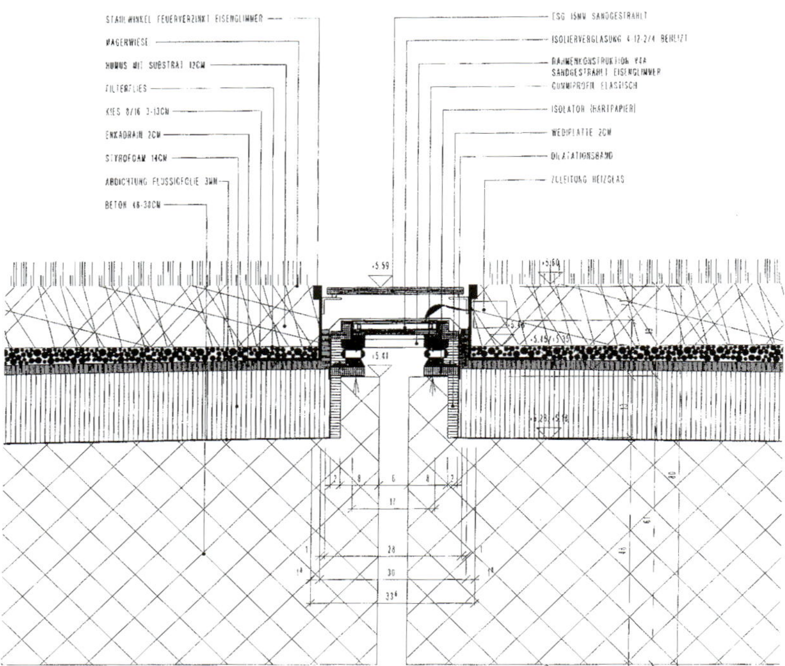

Detail of light gap between the stone tables

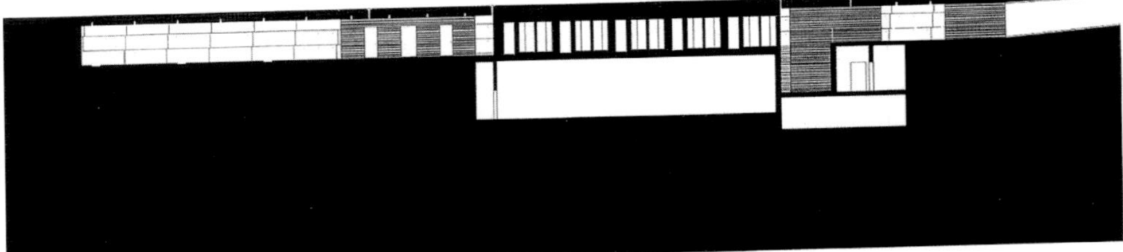

A 단면도

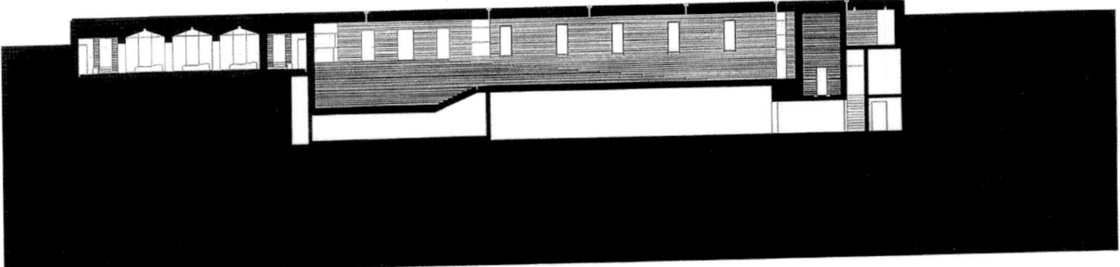

B 단면도

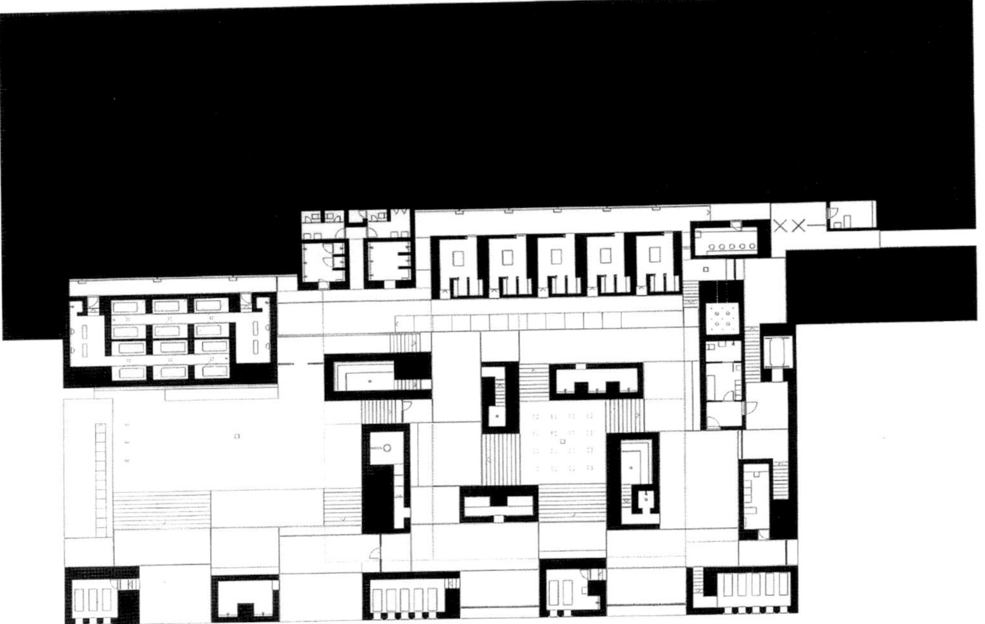

상층부 평면도

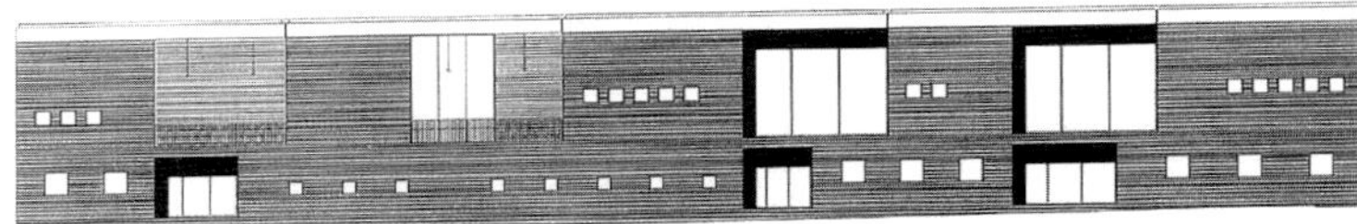

동측 입면도

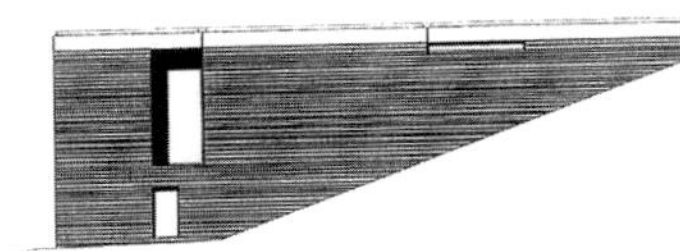

북측 입면도

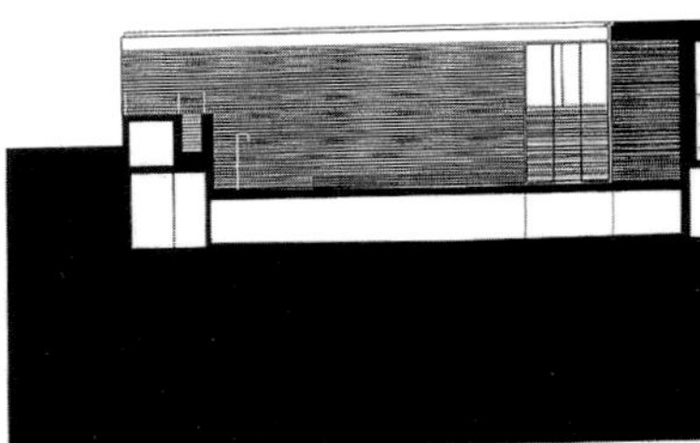

C 단면도

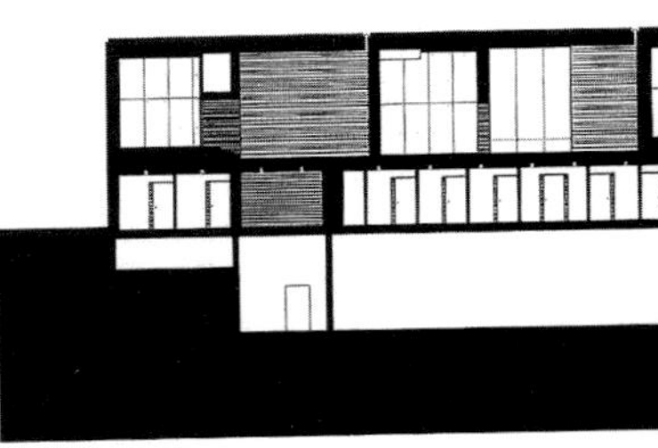

D 단면도

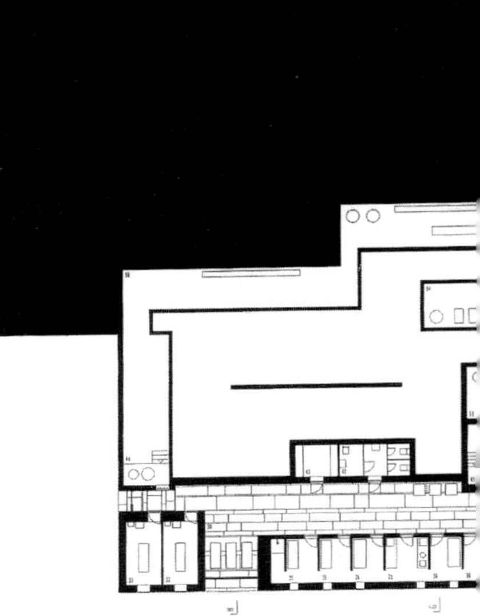

하층부 평면도

# 호텔 일 팔라쪼
## Hotel Il Palazzo

후쿠오카 시내, 개천이 흐르고 옛 유곽이 있던 중심가에 알도 로시(Aldo Rossi)의 〈일 팔라쵸 호텔(Hotel Il Palazzo)〉이 고전적인 몸짓으로 우아한 자태를 자랑하며 서있다. 알도 로시라 하면, 과거 포스트−모던시대에 『도시의 건축』이라는 책을 통해 시대적 정신을 표현하였고 도시의 "유형학"을 직접 실천했던 이탈리아의 대표적인 건축가로 알려져 있다. 그의 건축적 경향은 "도시의 지역성"과 "기억" 그리고 그것의 건축적 "실천"에 있다고 보아도 무방하다.

그런 그의 작품이 일본이라는 나라에 건축되었다는 사실은 일종의 아이러니라 할 수 있는데, 일단 출신 국가와 도시적 배경이 다르고 이론적 전개에 있어 서양과 동양이라는 극단적인 지리적 차이 때문에 어떨까 생각될 수 있다. 일종의 실험적 시도라고 까지 불릴 수 있는 이 작품은 그 때문에 많은 관심을 끌었다. 결론적으로는 성공적이라고 평가된 이 작품은 서양의 기하학적인 건축적 전통을 살리면서도 일본의 고도시의 흔적과 기억을 불러일으킬 수 있는 모티브를 강렬하게 표현함으로서 시각적으로 보는 이로 하여금 일본의 전통을 생각게 하는 효과를 거두었다고 한다. 예를 들어, 전면에 형성된 기둥은 일본의 고대 사찰에서 볼 수 있는 두껍고 커다란 전면 기둥을 연상시키며, 표면 마감된 붉은 계통의 대리석은 후쿠오카라는 도시의 색채에서 모티브를 따온 것으로 읽혀진다.

더욱이 이 건물이 호텔이라는 점과 과거 이 지역이 유곽으로 사용되었다는 기능상의 유사성 그리고 수변 공간을 활용하여 건축되었다는 점이 일본인들에게 친숙한 분위기를 불러일으켰던 것 같다. 현재 알도 로시의 건물은 후쿠오카 이외에도 동경에 다수 건축되어 있는데, 주변과 그리 이질적이지 않은 것은 일본이 갖는 독특한 채색성과 유사한 분위기를 지녔다는 점 그리고 로시의 건축 구성방식이 일본의 전통 건축의 구성 방식과 그리 다르지 않다는 시각적 및 심리적 요인이 작용한 듯하다. 결과적으로 이 건물은 알도 로시의 일본판 "도시의 건축"이 된 셈이다.

# Aldo Rossi의 건축사고방식
## : 투영의 극장

알도 로시는 1978년에 박공 벽과 시계가 얹혀져 있는 강철 뼈대의 단순한 상자 모양 건물을 설계하였다. 그는 이 떼아트리노 시엔티피꼬(작은 실험 극장)를 건축적 요소들을 연구하기 위한 장치로서 고안하였다. 다른 모든 극장들과 설계안들처럼, 그 극장의 유일한 목적은 "일정한 행위가 일어날 수 있는 유용한 장소, 기구, 도구"를 만드는 것이었다고 그는 후에 기술하였다. 이 축소된 무대 위에, 알도 로시는 그의 작품에 아주 기본적인 입체들의 끊임없는 재결합을 만들어냈는데, 그것은 더 큰 설계를 위한 연습 비슷한 것이었다. 『도시의 건축』(1966)이란 책에서 건축이론을 상세히 설명한 바와 같이, 그는 이 떼아트리노 시엔티피꼬에서 건물에 대한 그의 생각을 나타냈으며, 동시에 그의 계획안들을 계속 채우고 있는 주제들의 소우주를 집약하여 담고 있다.

세계의 극장이나 무대로서의 건축 개념은 고대로 거슬러 올라가며, 그 후 수천 년을 통하여 계속해서 되풀이된다. 무대 상연은 고대 그리스 극장에서 시민의 관념 형태를 표현하였으며, 로마의 극장들은 극장과 대중 생활의 관계를 궁전 정면의 돌출 된 벽감들을 가지고 건축적으로 규정된 스케네(무대 안쪽의 가건물) 정면에서 명확히 표현하였다. 16세기 말경에는, 극장이 종교와 궁정의 구속에서 벗어나 다시금 두드러진 도시적 구조물이 되기 시작하였는데, 그 내부는 이상적이고 기억될 만한 도시 공공 공간의 안팎을 뒤집어 놓은 것으로 처리되곤 하였다. 팔라디오의 『건축4서』에 대한 서문이나 비첸짜에 있는 그의 〈올림피코 극장〉에, 그리고 세를리오의 『건축서』와 그 후에, 칼 프리드리히 쉰켈의 〈베를린 극장 계획〉의 도면들에 건축과 극장 표면에 대한 명백한 언급들이 있다. 19세기경에 카를로 프란체스크 바라비노가 제노아에 〈카를로 페리체 극장〉을 설계

1

3    2

4

5

6

7

하였을 때, 오페라나 다른 공연 제작을 위해, 고대에 건축적으로 공들여 만든 스케네 정면은 캔버스 틀에 붙어있는 계속 바뀌는 그림 배경으로 교체되게 되었다.

이런 전통을 이어받아 알도 로시는 삶의 무대로서의 건축 개념을 일관되게 탐구한다. 제노아의 〈카를로 페리체 극장〉에서 그는 도시와 극장, 실제와 표현간의 전통적 결합을 극장 재건을 위해 내, 외부 모두에서 되살리는데, 극장은 1981년에 이를 때까지 이중의 재난을 겪었었다. 처음에는 제2차 세계대전 중 연합군의 폭격에 의한 재난이었으며, 그 다음에는 잘못 운명지어진 전후 재건 시도에 의한 것이었다. 바라비노의 건물 배치는 복합적인 도시적 맥락에 부응하는 것이었는데, 〈마지니 광장〉을 향한 프로나오스의 개구부와 〈드 페라리 광장〉 너머로의 확장이 그러한 한편 러스티케이션 된 조적조의 주랑은 복잡한 길을 면하고 있다. 다만, 주랑과 프로나오스만이 제2차 세계대전 중 계속적인 폭격에 의해 커다란 파손 상태 그대로 남아 있으며, 두 번의 전후 복구 계획은 이중 출구를 유지하는 것으로 고안되었다. 또한 로시는 원래의 프로나오스와 조적조 주랑을 지닌 제2차 세계대전 전의 모습으로 그 건물 외부를 재건하도록 임명되었다. 바라비노는 또 하나의 전형적 19세기 중산 계급의 도시적 구조물인 〈갤러리아 마지니〉가 그의 극장 동쪽 측면에 세워지게 되리라고는 예상할 수 없었을 것이다. 로시는 이 중요한 도시적 구조물을 의식하여 통로를 냈는데, 실제로 프로나오스에서부터 갤러리로의 약간 축이 틀어진 입구까지, 지붕 덮인 광장이 형성되었다.

상인방이 있는 열주의 세 막은 지붕 덮인 보도와 극장으로 이끌며, 또한 도시적 전망을 중재한다. 통로 안쪽으로부터의 모든 광경은 건축적으로 틀이 잡혀있으며, 카를로 페리체가 공공부분, 사적인 부분, 상업부분의 복합적 매트릭스에서의 결절부를 이룬다는 점을 끊임없이 상기시킨다. 내부 통로는, 고대 로마의 본보기에서처럼 도로면보다 높여져 있고, 공공의 영역과 사적인 영역 사이의 접속점을 분절한다. 두 개의 축이 내부 광장을 가로지르는데, 그중 하나는 극장 내부의 무대에서 끝나며, 또 하나는 〈갤러리아 마지니〉와 〈마지니 광장〉을 연결한다.

열주, 주랑 현관, 내부 광장들이 도로 레벨에 놓여진 것은 극장의 건축적 · 도시적 중요성을 의미한다. 그 주변 어딘가의 상공 또는 위계가 높은 지점에, 〈바라비노의 극장〉의 원래 형태에 대한 로시의 위압적인 추가물인 대형 타워가 우뚝 솟아있다. 육중한 대리석 틀의 구리 돌림띠의 강건한 모습은 주변의 신 고전적 건물들을 단단히 잡아주며, 그 광택 있는 모울딩은 아래쪽을 향하고 있는 부드러운 회반죽을 가로질러서 훑어져 나가는 그림자를 강력하게 투사한다.

제노아에서의 로시의 임무는, 1818년 베를린의 〈샤우스피엘 하우스〉에 대한 K. 쉰켈의 임무와 불가사의할 정도로 유사하다. 둘 다 동일한 열주와 기초를 사용하되 내부 용적이 늘어나도록 파괴된 극장을 재건하도록 계획되었으며, 두 건축가 모두가 복합적 도시상황에 부응하였다. 쉰켈은 〈샤우스피엘 하우스〉와 그 무대장식에 모사 된 주변 세팅을 특징지우면서, 극장과 도시의 전경에 있어서 맥락과의 연관을 강조하였다. 그런데 로시는 고대 로마의 희극을 위한 이상적 세팅으로서의, 제노아의 광장에서 보이는 전형적 입면이 복사되어 있는 측벽과 프로세니움을 분절함으로써, 도시와 극장을 연결하는 데 진일보하였다. 대리석 리벳의 입면은 닫혀진 창들과 서양 배나무와 대리석으로 된 발코니들을 가지고 있는데, 연속적이지만 미묘하게 차이가 나는 도시적 에워싸임에 의해, 청중과 공연자, 무대와 방청석을 일체화하도록 프로세니움 아치와 측벽을 합병하였다. 무대 자체의 설계로서 뿐 아니라, 로시는 여기서 환각의 건축을 제공한다. 공공의 중대사가 이야기되는 극중의 환상적 세계로 도시 풍경의 세계를 분명하게 불러들인 것이다.

# 호텔 일 팔라쪼

비록 로시가 카를로 페리체의 무대 설계에서 그렇게 했듯이, 건축을 도시 생활의 극장에 필적하게 하지만, 지역적 특성은 그의 작품에 계속적으로 나타난다. 토리노의 〈카사 아우로라〉에서 내부 떼아트리노는 녹색 강철 I 빔 상인방이 얹혀진 육중한 흰색 기둥들이 있는 카사의 주 입면을 작은 규모로 반복하고 있다. 떼아트리노에서의 작은 복제품인 〈꼬르소 에밀리아〉와 〈꼬르소 쥴리오 케사르〉의 귀퉁이 입면에서의 창이 없는 거대한 벽돌 벽면에는, 노출된 벽돌 프로세니엄에 5개의 창이 뚫려있다. 실제로 무대 자체는 구부러진 구석 입구의 수직 벽돌 벽에 기대어 지지된다. 〈사우스피엘 하우스〉에서 극장의 이미지를 가진 커튼은 공연을 위해 준비되어 있는 것처럼 F. 쉰켈의 설계를 전경에 놓음으로써 그들의 도시적 상황에서의 개막식 저녁의 청중을 생각나게 하였다. 또한, 로시는 그의 웅장한 정면을 비영구적인 매개물로보다는 건축적 형태 자체로 분명하게 반복한다. 그것은 비록 무대에 울려지는 행사가 달라지더라도 도시 풍경은 계속 남는다는 것을 과시하려는 듯하다. 유해의 흔적들은 항상 건축적 세팅, 건축에 대한 대중의 태도의 회상 속에 둘러싸일 것이다. 분명한 공공 건축의 성격을 가진 떼아트리노를 제공함에 있어서, 그는 그 배타적인 영역에서와 동시에 도시 생활의 무대로서의 건축의 역할에의 도시 생활과의 연관성을 강조한다.

후쿠오카의 호텔 〈일 팔라조〉에서보다 더 효과적으로 지역적 특성이 전개된 적은 없다. 선호된 모티프의 반복에 있어서, 로시는 하나의 벽 전체의 외부 입면을 분명하게 복사함으로써 엘도라도의 사적인 특성을 파괴한다. 외부에서는, 노출된 벽돌 축벽들 사이에 각각 오목하게 들어가 잇는 풍부한 붉은 색 트래버틴 기둥들과 붉은 타일 벽, 짙은 녹색 구리 상인방들의 다색 리듬과 함께, 물가에 면하는 입면이 주변 도시 풍경위로 솟아오른다. 로시는 호텔 방들이 물을 내려다보도록 한다는 빠지기 쉬운 편견을 계획적으로 거부하고, 물가에 면한 입면을 창이 없는 스케네에 정면같이 처리하기로 하였다. 단지 높여진 광장의 공공 공간만이 항구에 대한 전경을 즐기고 휴식하는 특전을 가진 순간을 제공하는 데 반해, 그 대신 사적인 방들에서는 비스듬한 전망을 즐길 수 있다. 그 내부를 단색으로 복제한 동쪽 정면은 극장의 배경막 같은 인상을 주는데, 로시는 거기서 도시 광장과 극장의 또 하나의 융합을 훌륭히 만들어낸다. 방문객들은 반짝거리는 테라코타의 성벽 같은 측면 돌출부들에 의해 틀이 짜여진 일련의 넓은 계단을 오르면, 역사적 디테일이 벗겨진 한때의 광장이자 로마의

8

9

10

11

12

극장이었던 곳인 트래버틴 블록으로 포장된 커다란 광장에 이르게 된다. 무대는 양쪽으로 축 날개(전이 가능한)를 가지고 있다. 스케네에 정면의 원주로 된 막은 주초와 평방 사이에 눌려져 있고, 돌출된 구리 돌림띠와 줄지어선 기둥들에 의해 분절되어 있으며, 지상 층에 세 개의 문이 뚫어져 있다. 이런 것들은 리비아의 사브라타의 로마식 극장처럼, 껍질이 벗겨지고 확대된 것 같은 모습이다.

그런 도시적 환경에 활동적으로 반응하는 건축가로서 도시적 환경으로부터 완전히 자유로운 벌판 위에 시청을 설계한다는 것은 분명한 도전을 뜻한다. 현혹적인 이름을 가진 보르고리코의 베니스 지역 사회에서의 가장 주요한 건물들은 고대 로마의 가로 체계 속에 흩어져 있는 농가들 가운데 분산되어 있는 학교들, 교회, 거칠게 장식된 일 파라오네라는 이집트식 식당들이다. 바로 인접하고 있는 도시적 맥락이 없으므로, 로시는 근방의 맥락을 취하였는데, 그것은 베니스의 시골 별장식 주택이었다. 형태의 추상적 배열을 피하기 위하여, 그는 시골 건물 형식을 새로운 도시적 형태로 상상력 풍부하게 변형시켰다. 궁전 같은 앞마당을 둘러싸고 행정 사무실들로 나 있는 상인방식의 주랑 현관이 있는 측 날개 부분들은, 별장식 주택을 상기시키는데, 별장식 주택자체는 또한 더욱 오래된 시골 지방 건축의 변형인 것이다. 그러나 로시의 중앙부분에 전체 높이까지 올라가 있는 얇은 수직 벽들 사이에 눌려진 도시 공간들로 유형을 깨뜨렸다. 얇은 청동 배럴 볼트들은 좁고 깊은 벽기둥들과 두 개의 거대한 콘크리트 기둥들에 의해 높이 받쳐져 있는 오목한 ㅣ빔 상인방까지 단계적으로 떨어진다. 중앙 부분을 가장 대표적이고 집합적인 공간으로 표시함으로써, 별장식 주택의 이 도시적 변형물은 베니스의 오지에 흩어져 있는 지역 사회를 위한 초점이 된다. 사무공간, 회의용 홀, 회의실, 도서관, 박물관 등 여러 가지 기능들은 각각 외부에 체적상의 분절이 드러나 보이는데, 로시는 형상을 통해서 뿐 아니라, 최대한의 시각적 차이점을 성취하기 위하여 오목, 고형부, 공허부를 만들어 냄으로써 그를 강조한다. 부분과 전체 간의 미묘한 긴장은 별개의 체적들을 동시에 분할하고, 둘러싸고, 강조하는 벽돌에 의해 유지된다.

13

14

15

# 호텔 일 팔라쪼

로시가 그의 건물에서 강조하는 사회적 의미는 외부의 도시적 환경에 대한 그의 접근 방법을 반영하는데 〈카를로 페리체〉를 위한 제출용 도면에서 분명하게 나타난 유대, 즉 극장 자체를 무대에다 옮겨 놓는다고 하는 K. 쉰켈 전술의 반복인 것이다. 프로세니엄을 보이게 자른 단면도에서, 로시는 K. 쉰켈이 한 것만큼이나 극장을 그 도시적 맥락에서 표현하였고, 또 최소한의 규모로 축소하였다. 정반대의 조작이 〈카사 아우로라〉의 도면에 나타나는데, 그것 자체는 외부 입면의 복제품이며, 〈카사 아우로라〉에서 극장은 모퉁이 입면에서 도시적 규모로 확대되었다. 비슷한 식의 규모의 조작이 로시의 도면들에 반복적으로 나타나는데, 커피포트가 마천루 크기로 팽창하고 건물들은 집안의 가구 치수로 움츠러든다. 이것은 형태와 대상물의 유희일 뿐인 것이 아니라, 공적인 것과 사적인 영역이 서로로 끊임없이 연결되어 있고 겹쳐져 있다고 하더라도 우리는 대체로 공공 공간과 도시를 체험하기 마련이라고 하는 로시의 기본적 신념을 증명한다. 로시에게 무대라고 하는 것은 인간사가 재공연되는 것이 아니라 최초로 사라지는 원래 크기의 도시적 환경을, 소세계로서의 무대 기능으로 정확히 끌어들이는, 인간사의 재공연을 위한 세팅으로 여겨지는데, 역시 도시 풍경을 재현하는 그의 연극 공연을 위한 무대 설계 또한 마찬가지이다. 공연을 기다리는 빈 무대와 똑같이, 도시는 건축이 필수적 배경으로 봉사하는 모든 것에도 불구하고, 그 안에 생명을 불어넣는 우리의 참여에 의존하는 것이다. 로시는 거듭 그의 건물들에서 이 주제로 돌아오는데, 후쿠오카의 호텔 〈일 팔라조〉의 〈엘 도라도 바〉의 내부에 호텔의 도시적 입면이 반복된 것이나, 그의 도면들에서 나타나는 바와 같다. 〈카사 아우로라〉의 도면에서는, 도시적 규모로 표현된 특전을 부여받은 〈떼아트리노〉의 전망은, 네모진 광장과 네 개의 라이트가 달린 창, 다시 말해 건축에 의해 중재되었다. 그리고 드 기리코의 그림에서의 정적인 모습과는 달리, 로시의 작품은 항상 움직이고, 몸짓하고, 성큼성큼 걸으며, 기댄다. 즉, 밝게 밝혀진 문이나 창이나 주랑 현관들로부터 출현한 산뜻한 모양을 하고 있거나 도시적 장면에서의 유쾌함이 된다.

또 하나의 반전으로, 로시는 16세기에 세 가지 고전적 연극형에 이상적으로 맞는 세팅으로서 세바스티아노 세를리오가 윤곽을 잡아 놓은 장면 배경들을 뒤섞는다. 희극을 위해서 세를리오는 여관, 교회, 로지아, 매춘굴을 포함하는 보통 시민들의 생활을 위한 전형적 도시 배경의 이미지를 묘사하였다. 위인, 이상한 모험, 살

16

17

18

19

인이 관련되어 있는 비극을 위해서는, 귀족들의 웅장한 집이 궁전 같은 입면들을 가진 그런 집이었다. 버릇 없고 거친 촌놈들이 나오는 풍자극을 위해서는, 자연 그대로가 무대에 놓여지는 전원적 세팅이 지시되었다. 로시는 이런 범주구분을 뒤엎는다. 희극적 장면의 본질적으로 다른 배경들을 모방한, 보르고리코에 있는 시청사의 꽉 짜여지고 고도로 분화된 큰공간이 전원적 세팅 안에 유일한 단절로서 도입된다. 호텔 〈일 팔라쯔〉는 위대한 전통을 지닌 비극에 적합하게 맞춰진 귀족적 혈통 속에 있으나, 로시는 그것을 뒤죽박죽이 된 집들과 시장들의 고전 희극 세팅 속에 이질적 요소로 집어넣는데, 이는 실로 거의 빨간 불을 켜놓은 것처럼 눈에 띄는 것이다. 〈카를로 페리체〉는 궁전 같은 신고전적 건물에서의 비극의 한 가운데에 희극을 들여놓는데, 무대 위의 극장의 이미지를 가지고 모형과 단면에서 되풀이 된 주제인 것이다. 사회와 극 속의 행위 현상에 대한 오랜 구분은 도시와 그 상징적 중심으로서의 시청사에서 명확히 무너지고, 또 로시에게는 건축이란 새로운 관계가 자유롭게 다시 모일 수 있는 바탕이 되는 임시 틀로 여겨진다.

이런 전략을 가지고, 로시는 그의 건물들을 공공과 개인 사이의 어떤 가공의 영역에 불안하게 두지 않고 그 둘의 확고한 상투침투를 더 잘 인식하게 하려고 시도한다. 더욱 분명하게도, 로시의 주요 공공건물들이 많은 비평가들에게는 역사적으로 규정되고 그것에 의해 불가사의하리만큼 정확히 분리된 공공 −개인의 양극성과 모든 긴장들을 더욱 견고히 하는 것으로 여겨지지만, 사실 그는 〈카사 아우로라〉의 도면에서 그처럼 무리하게 드러내 보였듯이, 그것들을 놀랄 만큼 투명하게 만드는 전략을 사용한다. 나사처럼 맞물린 공공과 개인 세계의 이야기를 짜나가는 것은 아마도 호르게 루이스 보르게스의 작품에서처럼, 문학에서가 건축에서보다 성취하기 쉬울런지도 모른다. 로시는 도시적 환경 속에 익명으로 끼워 넣어지는 건물이나 불확실한 장소에 공허한 기념물을 만드는 두 가지 위험을 피하면서 그 일을 밀고 나간다.

내부와 외부 요소의 유동적 상호작용은 도면과 설계안에서의 모티프, 형태, 상세의 반복에까지 확장된다. 〈카사 아우로라에 떼아트리노〉의 두 배 높이의 직사각형 체적을 두르고 있는 우아한 테라코타의 돌림띠는 각 층 사이의 넘어감을 표시하고, 외부에도 동일한 것을 상기시키며, 아래쪽 무대에 나타난 양식들의 덧없음에 대

# 호텔 일 팔라쪼

한 안정된 건축적 대위법으로서 작용한다. 다른 모티프들도 로시의 작품에서 계속 되풀이되는데, 지구라트에 있는 유격대 기념물에서 모범적으로 사용된 것들 같은 것이 그것이다. 거대한 콘크리트 원기둥 위에 얹혀져 있고, 석관같이 생긴 덩어리에서 미끄러져 내리는, 직사각형 슬래브로 된 정삼각형이 거기에 사용되었었다. 볼로니에 있는 〈드 아미치스 학교〉에서는 더 작고 얕은 모양의 삼각형이 입방체 용기 속으로 물을 떨어뜨린다. 극장 도면, 페루지아의 시민회관을 위한 샘, 로시에 의해 끊임없이 되풀이 그려진 해변 오두막들의 박공, 밀라노에 있는 크로체 로사 거리 기념물의 샘 등에서도 다른 모티프들이 나타난다. 미완성인 베니스의 〈카사 델 두카〉에서 필라레테의 기둥으로 로시에게 인정된, 거대한 하나의 그 초기적 모습인 지구라트 기념물에서부터, 더 최근의 〈카를로 페리체〉에서의 이중의 모습에서까지 기둥은 수백 개의 도면과 많은 건축물들에 나타나 왔다. 기둥은 4반세기가 넘도록 그의 설계에서 혼자 서 있고, 두 개가 되고, 상인방을 받치고, 통로를 둘러싸고, 벽기둥들의 연속을 방해하고, 구석을 표시하여 왔다. 그의 다른 반복적 모티프들처럼, 기둥은 건축에 대한 로시의 깊은 믿음 가운데 어떤 것을 나타낸다. 〈과학적 자서전〉에서 그는 필라레테의 기둥을 건축의 유물이자 기본 요소라고 말하였다. 이런 두 가지 특징들은 그 절대적인 형태의 순수성과 결합하여 기둥을 단일한 것인 동시에 반복될 수 있는 것으로 만들며, 특별한 역사적 시기와 연관되어 갇혀있지 않고, 그 초기적 특성이 지나치게 간소화 된 시대적 분류를 초월하는 건축적 요소가 되게 한다. 그것들과 역사 전체의 궤도를 형성하면서 그 성실성을 지속시키고 간직한다.

아마도 로시의 지역적 특성 반영의 지속성에 대한 가장 두드러진 특징 중의 하나는, 로시가 그것들을 똑같은 모습으로 두 번 사용하는 일이 없는, 새로운 외형과 조합의 불가사의한 창조 능

24

25

26

27

력이다. 도면이나 작품에서 재 조합되어 나타나는, 원통이나 쌓아올려진 탑 같은 요소들은, 이상적으로는 건축에 항상 존재하는 정체와 변화 사이의 미묘한 긴장을 희석한다. 초기 작품에서 로시는 흔히 좁은 복도나 파고라나 필로티식 보행로들로 이루어진 입방체, 원뿔형, 로툰다, 프리즘과 같은 명쾌한 입체 형태의 반복을 통해 이런 긴장에 저항하였다. 특히, 1980년 이전에는 그의 건물들이 역사적 상세 처리로부터 거의 완전히 자유로웠기 때문에, 충격적일 만큼 단순한 고대의 형태를 사용하였다. 지난 20년 동안에는 프로그램이 더욱 복잡해졌기 때문에 로시는 보다 풍부한 상세와 자료들에서부터 끌어낸 것들로 표면을 분절하기 시작하였다. 〈카사 아우로라〉에서는 순수한 구조 요소들 뿐 아니라 하수관 같은 기술적 필수 요소들도 리듬을 강조하기 위해 배치되었다. 녹색 Ｉ빔들은 석재 주랑을 둘러싸는 동시에 상인방들로서 들어올려져 있는데, 시공, 상인방식 구조, 강철 부재의 기계적 우아함들에서 오는 건축의 매우 초기적 형태의 구조적 순수성을 가져온다. 어느 때보다도 자주 로시는 신 고전적 요소들을 그의 작품에 섞어왔는데, 구이사노의 장례 예배당에서의 내부 입면이나 〈카를로 페리체〉, 〈카사 아우로라〉, 베를린의 〈독일 역사 박물관〉에서의 돌림 띠 같은 것들이 그 예이다. Ｉ빔처럼, 로시의 돌림 띠는 오목하게 깊이 파거나 대담하게 기울임으로써 활기를 불러일으키면서 그의 건물 표면을 조절하는데, 그것에 의하여 그의 도면들에 그처럼 틀림없이 나타나는 깊은 그림자와 빛과 어둠의 유희가 건축에서 성취된다.

지역적 특성 반영의 이런 반복에서, 로시는 이 작품에서 저 작품으로의 단순한 몸짓 이상의 것을 성취한다. 대신에 그는 기본적 기하학 형상을 가지고, 비록 가공의 것이라 할지라도, 단순한 건물의 특정한 표현을 넘어서는 건축의 우주적 정수에 도달한다. 게다가 보편화된 경향을 숨겨주는 신 고전적 참조물들을 그가 지금 사용하는 것은 우연이 아니다. 그의 단순한 입체들처럼, 신 고전적 요소들은 이미 시간의 흐름을 그 필연적인 변천을 드러내 보였다. 비록 로시는, 그의 초기 작품인 〈카를로 페리체〉의 시계가 있는 프로세니엄 아

28

29

31

30

32

# 호텔 일 팔라쬬

치를 포함하는, 많은 도면들과 작품들에 시계를 고집스럽게 집어넣음으로써, 시간에 대한 그의 관심을 분명하게 보여주지만, 더욱 미묘한 지시물들이 모든 도면과 건물들에 가득 차 있다. 그는 〈보르고리코의 시청사〉, 〈카를로 페리체〉, 〈페루지아〉 들에서 구리 지붕과 돌림 띠를 채용하였는데, 시간이 재료에 가져올 변화를 예측한 것이었다. 그리고, 후쿠오카에서는 비가 가져올 현저한 색채 변화를 기대하여 페르시아의 붉은 트래버틴을 선택하였다. 〈크로체 로사 거리 기념물〉에서는 깊이 후퇴된 주랑 현관과 창과 파골라는 잎 장식에 의해 완전히 덮이도록 계획된 가로등들과 덩굴들에 의해 삼켜지도록 설계되었다. 이런 것들과 다른 많은 고안들을 통해서 로시는 그의 건축적 형태가 특정 시간에 한정되지 않도록 시간이 지닌 변화의 힘을 얽매었다.

단순하고 직접적인 경험의 차원에서, 사람들은 로시의 건물을 통하여 시간 경과에 대한 이런 활발한 대응에 열중한다. 모데나에 있는 〈산 카타르도 묘지〉의, 한 줄기 태양 빛에 의해 비추어진 길고 좁은 통로가 그러한 예이다. 납골당과 작은 광장에 있는 현기증이 날 정도의 산업용 계단과 주변 묘지로의 전망이 있는 작은 광장도 그런 예이다. 〈카사 아우로라〉의 깊은 주랑 현관을 따라 이어지는 솔리드와 보이드, 빛과 그림자의 율동도 그러하다. 공기와 시간의 변화가 아주 강력하게 기록되는 〈카를로 페리체〉의 빛나는 원추형 빛은 지중해의 태양의 기복에 대한 우울한 역류로서의 그림자에 대한 로시의 열정에 대하여 경보를 발한다. 고집스럽게 수백 장의 도면에 기록되는 것처럼, 이런 매력은 어두워질 때까지 건물에 의해 건물 위에 매번 그림자로 기록되는 거듭거듭 반복되는 시간의 통과라고 하는 가장 영속적인 일상 생활의 드라마에 다시 묶여진다. 그렇게 많은 다른 건축물들을 손상시키는 진부한 이야기들을 로시가 무시할 정도로, 시간의 집요함과 인간활동의 무상함을 붙잡는 것이 로시에게는 그처럼 본질적인 것이다. 그에게는 인간의 드라마를 작곡하는 것은 다른 곳에서 행해지는 일이며, 건축은 단지 기록이고 배경인 것이다.

밀라노에 있는 얌전한 〈크로체 로사 거리 기념물〉(1990)은 건축가의 역할에 대한 로시의 견해를 매우 간결하게 드러내 보인다. 크로체 로사 거리는 옛날에는 밀라노 도심의

33

34

35

36

고대 트리비움 같은 몇몇 주요 가로들의 교차점이었고, 로마 사람들이 신들을 위해 제단과 성당들을 세웠던 곳이다. 크로체 로사 거리 자체가 로마시대까지 고대로 그 역사를 거슬러 올라가므로 로시는 여기에 새로운 광장의 한 부분으로서 마땅히 기념물을 배치한다. 몬테나폴레오네 거리로부터, 뽕나무와 녹색가로등이 교대로 늘어서 있고, 그 사이사이에 화강석 벤치가 놓여 있어서, 가파른 계단과 전망대가 있는 한쪽으로 열린 입방체 모양의 기념물에의 접근을 표시한다. 여기서 우리는 로시가 아로나의 〈산 카를로네〉에서 어린아이 시절에 쳐다보았던 것처럼, 밀라노의 단편들과 대성당을 구리로 틀을 한 구멍을 통하여 힐끗 바라볼 수 있다. 대성당에 사용된 대리석의 채석장과 동일한 곳에서 가져온 풍부한 색채의 칸돌리아 대리석은 이 복합 단지가 비

록 규모는 작지만, 대성당만큼이나 시민 생활과 함께 하도록 의도되었다는 것을 가리킨다. 이 기념물은 공공 공간을 상실한 구역에, 일상 생활의 의식을 위한 작은 도시 극장을 제공한다. 그곳은 근로자와 여행자와 고객들이 어슬렁거리고 휴식을 취하는 곳이며, 유행이 포착되는 곳이며, 친구들을 만날 수 있는 곳, 즉 잠재적으로 일어날 모든 우연적이거나 계획적인 행위들을 위한 세팅인 것이다. 대성당처럼, 그것은 단지 돈 있는 사람들에게만 소용이 있는 소비의 중심지로서의 도시개념에 대해 이의를 제기한다. 그 대신 그것은 시민 공간의 사용과 정당한 사용자들의 범위를, 모든 사람을 포용하는 정도로 확장한다. 행인이 역사적 양식을 심심풀이로 즐기게 하는 것이나 새로운 양식을 광적으로 추구하는 것 모두들 단호히 거부하고, 건축에 대한 로시의 강력한 고대 풍의 통찰력은, 그곳을 도시에게 되돌려 준다. 로시에게는 건축이란 이벤트를 만들어 내고 한정하기 위한 것이 아니라, 단지 상상력과 기억을 부추겨 주기 위한 것이어야 하는 것이다. 고정되어 있는 배경은 공연과 공연자들이 그 앞에서 지나가는 동안 그 배경이 고정되어 있기 때문에 바로 중요한 것이다. 그리고 로시가 "주목할 만한 것이 되려면, 건축은 잊혀져야 한다"라고 썼을 때, 그는 이것을 의미한 것이었다.

37

38

39

40

# Hotel Il Palazzo
## Hukuoka, Japan, Aldo Rossi

### | 디자인 컨셉 |

후쿠오카 시내, 개천이 흐르고 옛 유곽이 존재했던 중심가에 알도 로시(Aldo Rossi)의 〈일 팔라쵸 호텔(Hotel Il Palazzo)〉이 고전적인 몸짓으로 우아한 자태를 자랑하며 서있다. 알도 로시라 하면, 과거 포스트-모던시대에 「도시의 건축」이라는 책을 통해 시대적 정신을 표현하였고 도시의 "유형학"을 직접 실천했던 이탈리아의 대표적인 건축가로 알려져 있다. 그의 건축적 경향은 "도시의 지역성"과 "기억" 그리고 그것의 건축적 "실천"에 있다고 보아도 무방하다.

그런 그의 작품이 일본이라는 나라에 건축되었다는 사실은 일종의 아이러니라 할 수 있는데, 일단 출신 국가와 도시적 배경이 다르고 이론적 전개에 있어 서양과 동양이라는 극단적인 지리적 차이 때문에 어떨까 생각될 수 있다. 일종의 실험적 시도라고 까지 불릴 수 있는 이 작품은 그 때문에 많은 관심을 끌었다. 결론적으로는 성공적이라고 평가된 이 작품은 서양의 기하학적인 건축적 전통을 살리면서도 일본의 고도시의 흔적과 기억을 불러일으킬 수 있는 모티브를 강렬하게 표현함으로서 시각적으로 보는 이로 하여금 일본의 전통을 생각게 하는 효과를 거두었다고 한다. 예를 들어, 전면에 형성된 기둥은 일본의 고대 사찰에서 볼 수 있는 두껍고 커다란 전면 기둥을 연상시키며, 표면 마감된 붉은 계통의 대리석은 후쿠오카라는 도시의 색채에서 모티브를 따온 것으로 읽혀진다. 더욱이 이 건물이 호텔이라는 점과 과거 이 지역이 유곽으로 사용되었다는 기능상의 유사성 그리고 수변 공간을 활용하여 건축되었다는 점이 일본인들에게 친숙한 분위기를 불러일으켰던 것 같다. 현재 알도 로시의 건물은 후쿠오카 이외에도 동경에 다수 건축되어 있는데, 주변과 그리 이질적이지 않은 것은 일본이 갖는 독특한 채색성과 유사한 분위기를 지녔다는 점 그리고 로시의 건축 구성방식이 일본의 전통 건축의 구성방식과 그리 다르지 않다는 시각적 및 심리적 요인이 작용한 듯 하다. 결과적으로 이 건물은 알도 로시의 일본판 "도시의 건축"이 된 셈이다.

호텔로의 진입은 일련의 형식적 과정을 거치게
된다. 입구에 마련된 초기 로마 바실리카식 계단
과 전정 데크, 그리고 입구로 이루어진 진입 과정
은 비록 짧지만 역사적 맥락 안에 있으며, 건물로
의 진입시 형식성을 높이는 역할을 하고 있다. 건
물 내부에는 주 계단 및 엘리베이터가 설치되어
있고, 이곳을 통해 지하 및 상층으로 동선을 배분
한다.



호텔로의 진입은 일련의 형식적 과정을 거치게
된다. 입구에 마련된 초기 로마 바실리카식 계단
과 전정 데크, 그리고 입구로 이루어진 진입 과정
은 비록 짧지만 역사적 맥락 안에 있으며, 건물로
의 진입시 형식성을 높이는 역할을 하고 있다. 건
물 내부에는 주 계단 및 엘리베이터가 설치되어
있고, 이곳을 통해 지하 및 상층으로 동선을 배분
한다.



전체적인 건물은 철골조를 채택하였으며, 전면부
의 기둥은 장식이다. 외부의 마감은 붉은 이탈리
아산(産) 대리석을 사용하였는데, 주변의 분위기에
비해 볼 때 이질적이지 않다. 내부 마감 역시 이
탈리아산 색 대리석을 사용하였으며, 상세한 디테
일 모두 알도 로시에 의해 디자인 된 것이다.
전면부에 설치된 철재 부재는 일종의 디테일로서
만들어진 것이며, 구조적인 역할보다는 장식 또는
형식적인 요소로 사용된 것이다.

T. SHIGERU
Ahitalli
'87
RIVER
AR
87
FUKUOKA

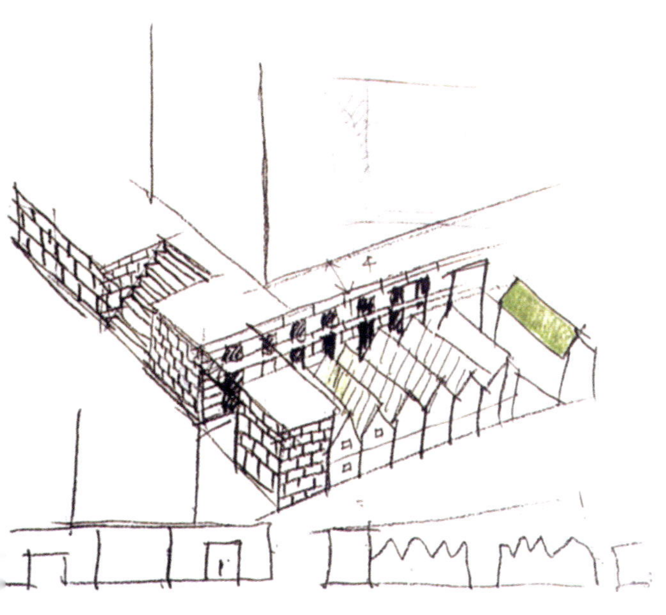

IL GRANDE
CANTIERE
DI
FUKUOKA
AR
NY '87

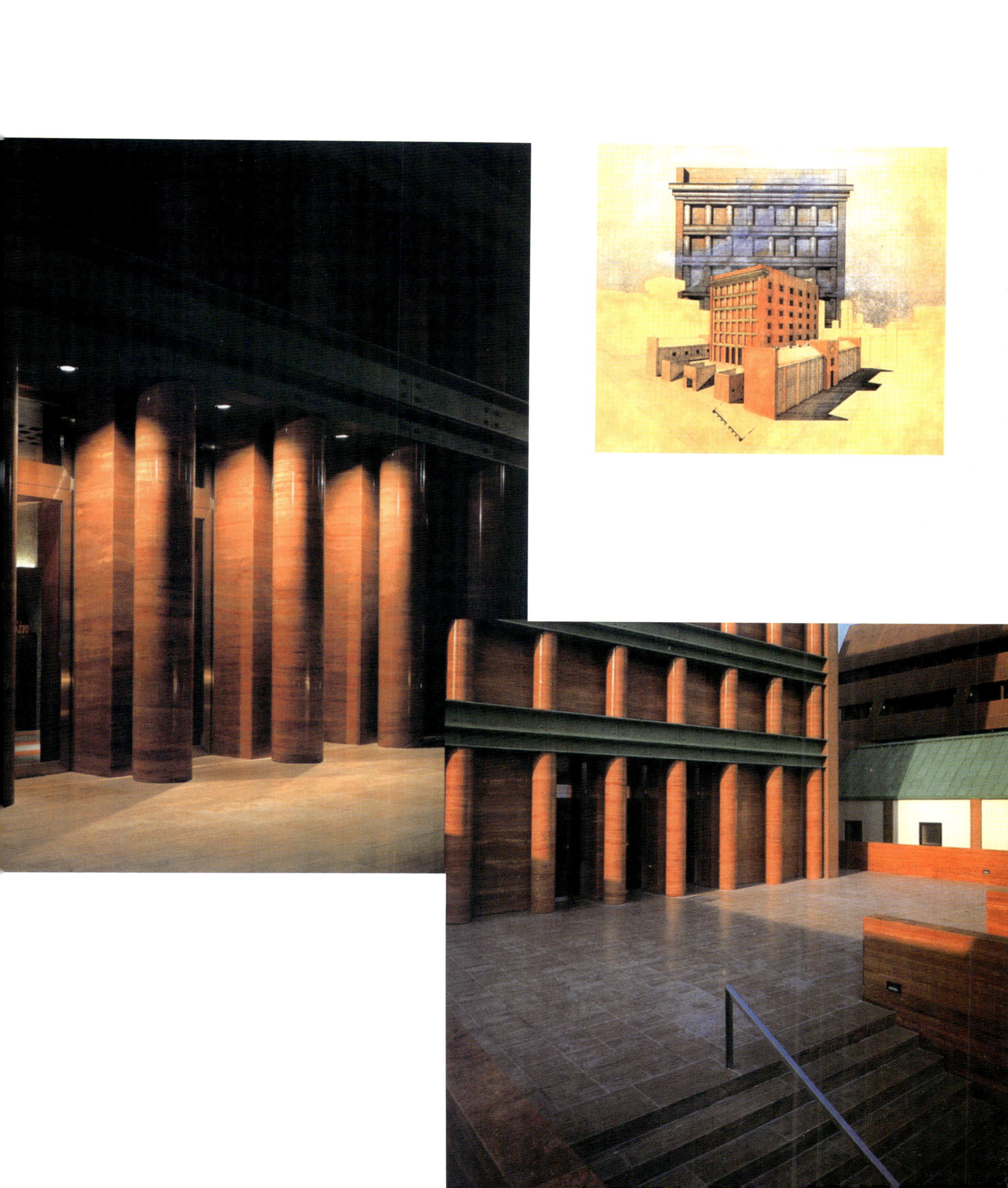

RISTORANTE
IL PAL
RISTORANTE
IL PALAZZ

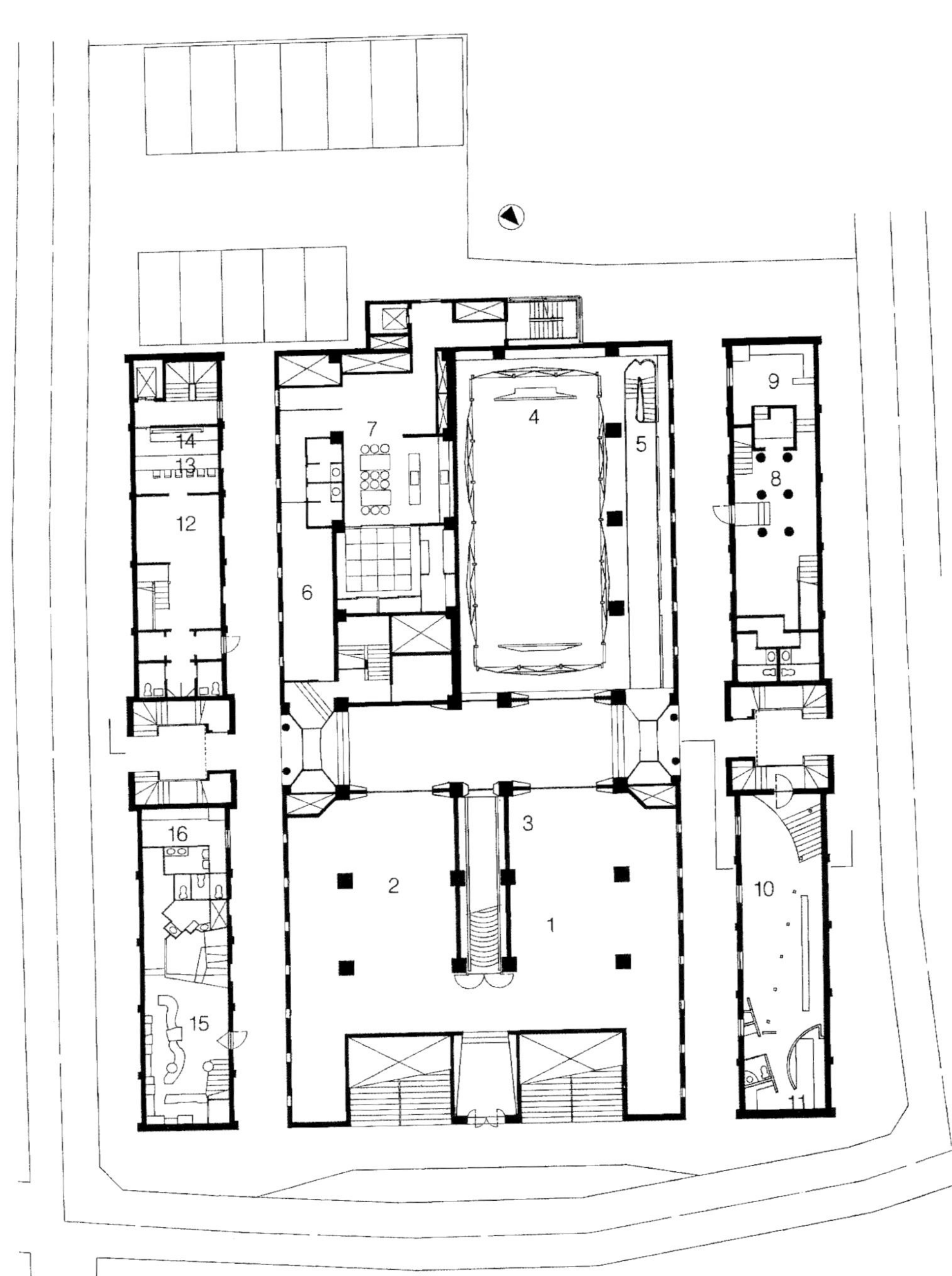

1층 평면도

1. 대기실
2. VIP룸
3. 바 카운터
4. Void
5. 브리지
6. 사무실
7. 직원 식당
8. 객장
9. 주방
10. 객장
11. 주방
12. 객장
13. 바 카운터
14. 주방
15. 바 카운터
16. 주방

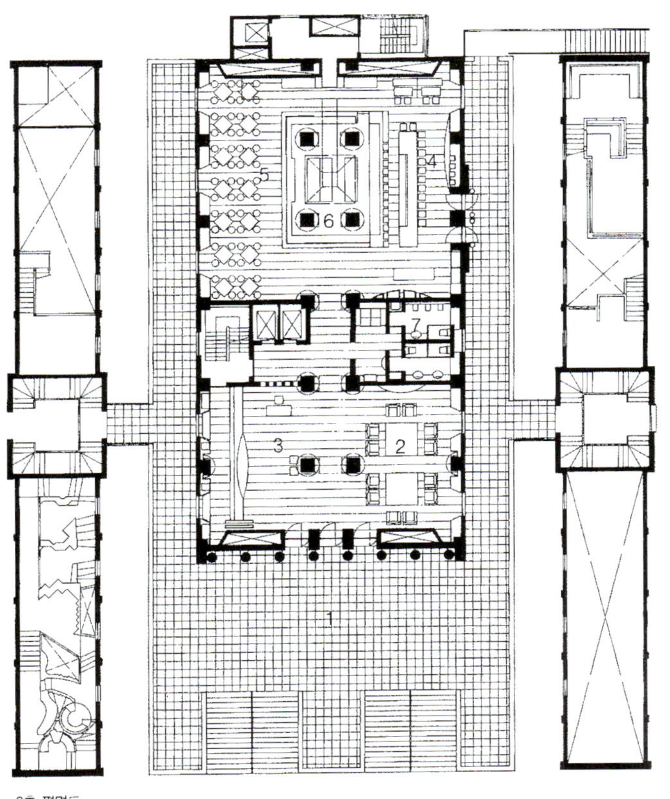

2층 평면도

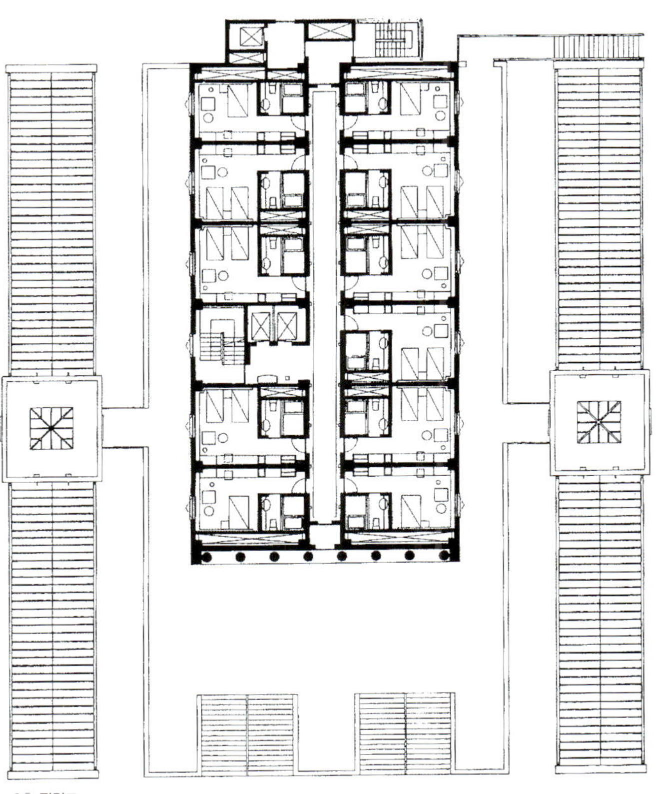

3층 평면도

1. 광장
2. 로비
3. 연회장
4. 메인 바
5. 메인 레스토랑
6. 주방
7. 화장실

7층 평면도

1. 싱글룸
2. 트윈룸
3. 스위트룸

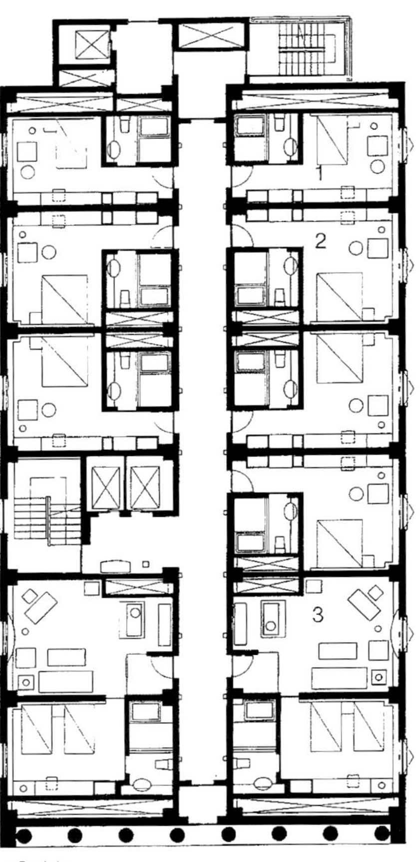

8층 평면도

1. 싱글룸
2. 더블룸
3. 스위트룸

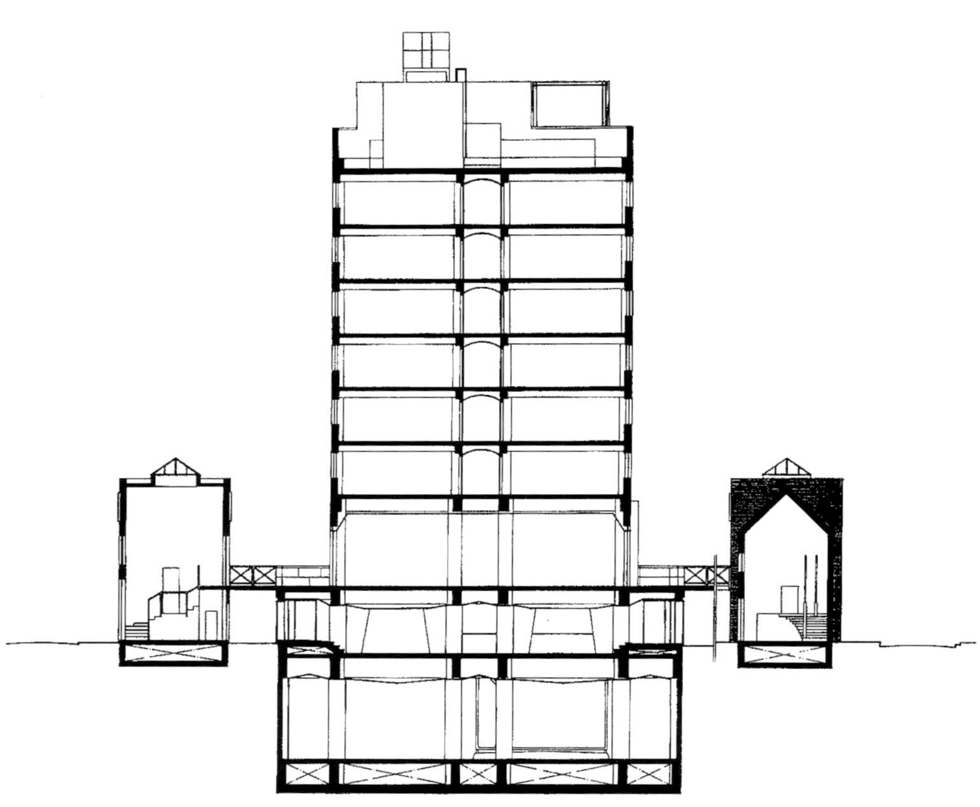

단면도

이 건물은 유럽에서 자하 하디드(Zaha Hadid)의 두 번째 작품으로, 그녀의 첫 번째 유럽 작품인 〈비트라 소방서〉가 있는 비트라 공장 지역에서 그리 멀지 않은 곳에 위치해 있다. 독일 바일 암 라인(Weil am Rhein)은 스위스 바젤(Basel) 부근 국경지역에 위치해 있으며, 스위스 북부 공업지역의 영향을 받는 독일 최 남부에 해당한다. 도시의 전체적인 느낌은 목가적인 분위기가 강한 가운데 큰 굴곡이 없는 수평의 지역성이 강한 곳이다. 어찌 보면, 이곳은 독일의 다른 지역에 비해 커다란 특성이나 개성이 없는 지역이며, 스위스의 목가적이면서도 공업적인 분위기가 압도하는 타율적인 성격의 지방이라고 할 수 있다. 이곳에 상업용도와 생태학의 연구기능이 복합된 〈LFone〉은 애초에 강한 이미지가 요구된 것을 이해할 수 있다.

자하 하디드는 이 지역 자연의 생태학 연구를 위한 이미지를 반영하기 위해 마치 뱀의 움직임을 건축적으로 형상화한 듯한 형태를 제안하고 있다. 뱀이 구불구불 숲 속을 헤치고 기어가는 듯한 형상과 주변의 자연에 대해 압도하는 듯한 형상이 아닌 자연과 일체화되려는 의도를 보여주고 있는 것이다. 이 작품을 위한 스케치와 다이어그램을 보면 알 수 있듯이, 주변 환경과 자연에 대해 대지가 지닌 특성과 형태적 은유가 디자인 과정에 깊이 개입하고 있음을 확인할 수 있다.

# Zaha Hadid의 건축사고방식
## : 자하 하디드와의 대담

Zaha Hadid

**"한 가족으로서의 교육의 중요성에 대해서 말씀하셨는데, 초기에 어떤 식의 교육을 받으셨습니까?"**

**Z.H:** 수도원의 승려가 경영하는 학교였는데, 진보적인 학교였습니다. 아주 우수한 선생님이 많이 계셨습니다. 교장 선생님은 수도승이셨는데, 용감한 분으로 여학생들이 학교에서 좋은 성적을 얻기를 바라셨고, 특히 과학과 예술에 대해 우수한 선생님을 많이 뽑으셨습니다. 그것은 저희 부모님의 교육에 대한 사고방식과 같았습니다. 종교적인 교육이었지만, 저는 기독교인이 아니라 회교도였기 때문에, 기독교와 관련 있는 과목은 듣지 않았습니다. 그것과는 거리를 두고 있었습니다. 학교에는 유태교, 이슬람교, 회교, 기독교를 믿는 소녀들이 함께 지냈기 때문에 아주 재미있었습니다. 회교도로서의 교육을 받지 않았던 것은 그 때문입니다. 아랍 세계에서는 이슬람 문화와 아랍문화는 같은 것입니다. 그것은 문화적인 상황이지 종교적인 상황은 아닙니다. 거기에 살고 있는 많은 사람들은 어떤 의미에서 아랍세계의 관례와 같은 이슬람의 관례를 믿고 있습니다. 그것들은 깊은 관계를 갖고 있지만, 근시안적인 방법은 아닙니다. 그 후 스위스에 있는 대학에 진학해서 수학을 공부했는데, 도중에 마음을 바꾸었습니다.

**"어떠한 이유로 수학을 전공하게 되었습니까?"**

**Z.H:** 사실 저는 11살 때부터 항상 건축가가 되고 싶다는 생각을 하고 있었습니다. 부모님은 저희 가족과 친분이 있는 건축가 한 분과 자주 접촉하고 계셨는데, 그는 숙모님의 집을 설계하고 있어서 그 집의 모형을 가

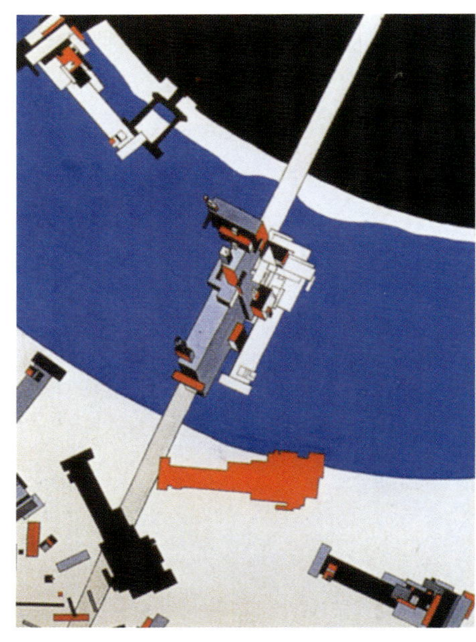

1

2

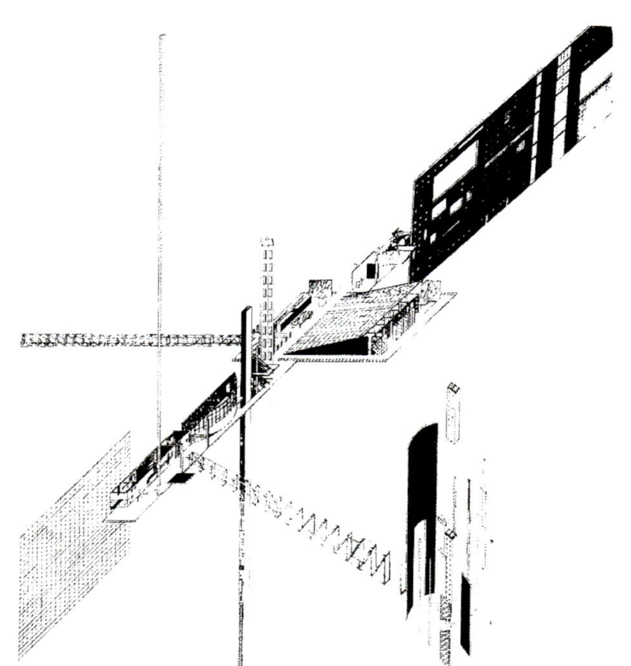

3

지고 자주 집에 오셨습니다. 아버지도 어머니도 건축 전람회에 저를 자주 데리고 가주셨고, 두 분 모두 디자인이나 건축에 관심이 많으셨습니다. 그래서 아주 어렸을 때부터 건축가가 되고 싶다는 생각을 갖게 되었다고 기억합니다. 그러나 저는 수학을 매우 잘했고, 근대 수학과 철학 및 물리의 관계성에 대해 항상 관심을 갖고 있었습니다. 이것은 저에게 있어 잠깐동안의 외도였습니다.

"미술에 대해서는 어떠하셨습니까?"

Z.H: 미술과는 떨어져본 적이 없습니다. 미술과 수학으로부터는, 하지만 미술을 정식으로 배워본 적은 없습니다. 항상 미술보다도 과학 쪽에 관심을 기울이고 있었습니다.

"수학 분야에서 특별히 전문 분야를 갖고 계셨습니까?"

Z.H: 아니오. 응용수학, 물리학, 논리학을 공부했습니다. 저는 스위스에 있는 대학에 진학할 예정이었지만, 마음을 바꾸었습니다. 제가 진정으로 하고 싶어하는 일이 건축이라는 것을 깨달았기 때문에 건축 공부를 하기 위해 런던에 있는 AA 스쿨에 입학했습니다.

"AA 스쿨을 택한 특별한 이유라도 있습니까? 그리고 당시 AA 스쿨의 상황은 어땠습니까?"

Z.H: 제일 처음 런던에 갔을 당시는 다른 디자인 학교에 진학했는데, 〈센터 폴리테크닉(Center Polytechnic)〉에서 교수로 재직 중이신 선생님을 만났습니다. 선생님께서 제게 무슨 일을 하고 싶은지 물어보셔서 건축이라고 대답했습니다. 그는 원서를 낼만한 곳으로 가장 좋은 학교는 AA 스쿨이라고 권해주셨습니다. 그 전부터 AA 스쿨에 대해서는 들어왔고, 그래서 AA 스쿨로 가게 되었습니다. 제가 입학했을 당시, AA 스쿨은 혼돈의 시기였습니다. 그 기간은 70년대의 디자인에서 사회학이나 다른 방향으로 전환하고 있는

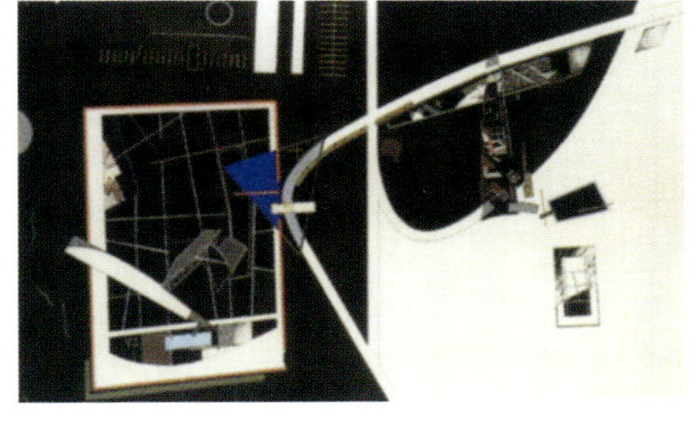

4

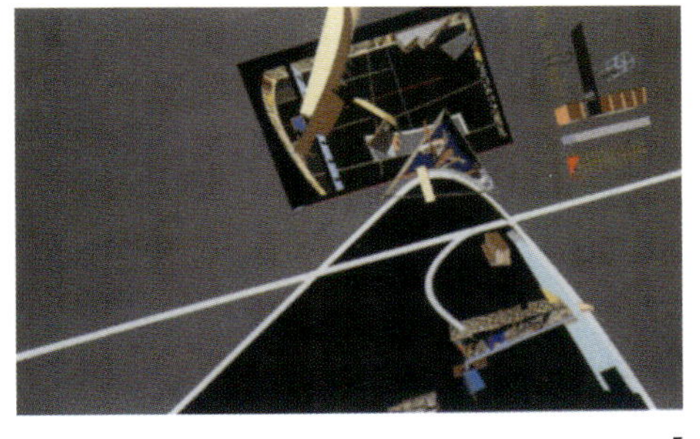

5

6

7

# 엘폰

시기였습니다. AA 스쿨에서 흥미 있었던 점은 혼돈 속에서도 항상 방향을 정해주는 사람이 있다는 점이었습니다. 그런데, 우리는 그 사람을 스스로 찾아야만 했고, 어떻게 해나갈 지에 대해 자기 스스로 교육해야만 했습니다. 그것은 아주 좋은 경험이었습니다. 저의 경력상 가장 초반부의 시기였기 때문에 초점을 정확히 정해야만 했기 때문입니다. 그리고, 만약 초점을 정하지 않는다면, 무엇이 되고 싶은 지도 알지 못할 테지요. 아주 흥미 있는 시기였습니다. 마침 그때는 알빈 보얄스키(Alvin Boyarsky)가 일년 전에 취임했던 시기로, 교육 시스템은 아주 신선했는데, 대부분이 직접 실험을 하는 것이었습니다. 이 학교의 역사 중에서 가장 흥미 있는 시기였습니다. 그런 시기에 마침 그 자리에 제가 있었다는 것은 행운이었다고 생각합니다. 학교에서의 이러한 변화는 아주 중요합니다. 왜냐하면 상황이 신선하다고 하는 단순한 사실에 의해 사람들은 지금까지 하지 못했던 일들을 하게 되는 것입니다. 또한, 사람들이 정치적인 자설(自說)을 고집하던 시기이기도 했기 때문에 활발한 논쟁이 행해지고 있었습니다. 아주 훌륭한 사람들이 많이 있었습니다. 때때로 방황하기도 했지만, 그것조차도 좋은 일이었습니다. 신중하게 집중해야만 한다는 사실을 알려주었고, 자신의 길을 선택해야 할 시기를 가르쳐 주었기 때문입니다. 자신의 운명에 대해 명령을 내려야만 하는 것입니다.

*"자신의 길을 어떻게 선택하셨습니까?"*

**Z.H:** 저는 개성이 다른 많은 사람들과 만났습니다. 3학년 때에는 레온 크리에(Leon Krier)와 함께 지냈습니다. 그를 지금도 존경하고 있습니다만, 완전히 그와 의견이 일치했던 것은 아니었습니다. 4학년 때에는 엘리아 젠겔리스(Elia Zenghelis)를 만났습니다. 그는 선생님들 중에서 제가 하려고 하는 것이 무엇인지 이해해 주는 소수의 사람들 중 한 사람이라고 생각합니다. 4학년이 시작되고 수개월 후에는 렘 콜하스, 엘리아 젠겔리스와 저 사이에는 놀랄 정도의 친분이 생겼습니다. 저는 그의 스튜디오에서 2년 동안 있었습니다.

*"그 당시 디자인이 변하기 시작했던 것이군요."*

**Z.H:** 아닙니다. 하지만 학교가 저에게 가르쳐 준 것에 항상 만족하고 있었던 것은 아니었습니다. 뭔가 다른 방법이 있을 것이라고 생각했습니다. 그리고, 엘리아와 렘 콜하스와 함께라면 무엇이라도 할 수 있었습니다. 그들은 독단적이지 않았기 때문에 사람들의 실험정신을 키워주었습니다. 알고 있었을지 모르지만, 우리들에게 말하지 않았습니다. 그것은 아주 중요한 것이었습니다. 우리들 모두에게 그것은 발견을 위한 여행이었기 때문입니다. 그것은 우리와 학생들 사이를 아주 강하게 연결해 주는 것이었습니다. 학교를 졸업한 후, 저는 엘레아와 렘 콜하스와 함께 3년 정도 일했습니다. 그 후 혼자서 일을 한지 7년 정도 되었습니다.

*"OMA와의 일에 대해서도 좀 자세히 설명해 주십시요."*

**Z.H:** 4학년이 되어 내가 하고 있는 일이 옳은 것인지 어떤지 알 수 없었습니다. 학년말에 그들은 내가 그들이 하고자 하는 일을 이해해주는 몇 명 안되는 학생 중의 한 사람이라고 말했습니다. 그 말은 저와 그들 사이에 강한 유대 관계를 만들어 주었습니다. 졸업하고, 그들의 파트너가 되어 일했지만, 그것은 일 년 뿐이었습니다. 그들과의 일이 잘 진행되지 않아서가 아니라 저는 독립을 해야 한다고 생각했기 때문입니다. 처음에는 짧은 시간만이라도 자유로웠으면 좋겠다고 생각했습니다. 왜냐하면 우리는 항상 함께 일해야 한다고 생각했기 때문입니다. 그러나 그것은 효과가 없었습니다.

" 세 사람뿐이었습니까?"

Z.H: 그렇습니다. 경험의 차이가 너무 많다고 생각했기 때문에 그것은 효과가 없었습니다. 자기 자신을 발견할 방법이 필요했습니다. 그들과는 지금까지 아주 친한 친구입니다. 저에게 그것은 아주 소중한 협력관계이고 우정이었습니다. 그렇기 때문에 우리들이 함께 일한 것은 헤이그에 있는 〈네덜란드 국회의사당〉 프로젝트뿐이었습니다.

"그렇다면 OMA 이외에는 어떤 다른 사무실에서도 일하시지 않았습니까?"

Z.H: 하지 않았습니다. 학창시절 여름방학 때 일한 적은 있지만, 그 이외에는 없습니다. 되돌아보면 그렇게 한 것이 잘한 것인지 잘못한 것인지 확신이 서지 않지만, 좋은 점은 다른 사람과 함께 일을 하면 자신의 견해에 초점을 맞출 수 있다는 것입니다. 반면, 혼자서만 일을 하면 자유롭게 일을 할 수 있고, 어떤 일을 다른 방법으로 추구할 수 있도록 해줍니다. 그것은 사무실에서 일할 때에는 경험할 수 없는 것입니다.

"그런 경험을 잃었다고 생각하시는 것입니까?"

Z.H: 아닙니다. 저에게는 맞지 않는 방법이었다고 생각하고 있었기 때문에 그렇게는 생각하지 않습니다. 하지만, 다른 사람에게는 옳은 방법일 수도 있습니다.

"홍콩 피크(Hong Kong Peak) 설계 경기 이전의 상황은 어땠습니까?"

Z.H: 그때 저는 사무실을 갖고 있지 않았습니다. 저는 배우고 있었고, 동시에 현상설계 준비를 하고 있었습니다. 저의 집에서 학생에게 도움을 받으며 일하였습니다. 피크 현상설계 이전에 저는 형제의 집을 설계하고 있었습니다. 실시도면을 포함한 모든 일을 우리가 했기 때문에 그 일은 굉장히 재미있었습니다.

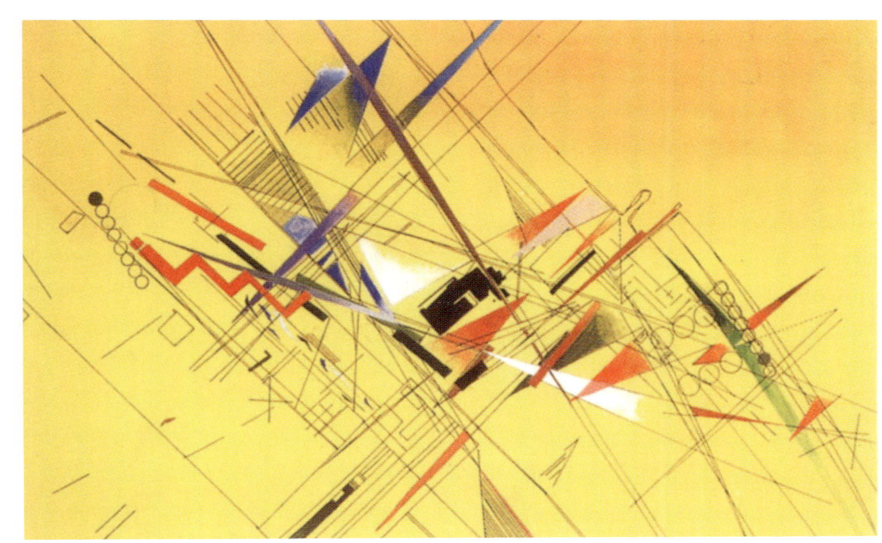

# 엘폰



"그 건물은 아직 있습니까?"

Z.H: 아니오, 없습니다. 사실 그는 그것을 짓지도 않았습니다. 짓기 직전의 상황까지 갔지만, 두려웠어요. 그는 지금 그렇게 하지 않았던 것을 안타깝게 생각하고 있을 것입니다. 그러나 그 일로 인해 가족을 위해서 무엇인가를 해서는 안된다는 교훈을 얻었습니다. 그 후 피크의 설계를 했는데, 사무실을 개업한 것은 그 후의 일입니다. 그 때까지는 항상 집에서 일했지만 그다지 불편한 점은 없었습니다. 사무실이라는 것은 놀랄 정도로 부담스러운 것이었습니다. 사무실을 오픈 함과 동시에 생활은 바뀌었습니다. 그것은 전혀 다른 게임이었습니다.

제 사무실은 스튜디오와 같은 것입니다. 그것이 중요하다고 생각했기 때문입니다. 저는 항상 많은 사무실의 문제는 실무와 아이디어 사이에 학교에서와 같은 유대관계가 거의 없다는 것이라고 생각하고 있었습니다. 아이디어를 테스트할 수 있는 스튜디오가 정말로 갖고 싶었습니다. 그것이 지금의 제 사무실입니다. 물론 실험적인 것과 실무 사이에 균형을 맞추는 것은 항상 어려운 일입니다. 실험적인 일에는 자금이 필요하기 마련인데, 그러한 은혜를 베풀어주는 것은 대부분 의뢰인이지만, 그들 역시 그러한 것에는 지불하고 싶지 않을 것입니다. 저에게 그것은 중요한 일이고, 건축의 수단이 되는 부분인 것입니다. 굉장히 흥미있기는 했지만 어려운 일이었습니다. 우리는 디자인을 모두 바꾸기로 결정했습니다. 프로젝트 하나 하나에 다른 도면을 그리고, 각각 다르게 표현하기로 결정하였습니다.

"사람들이 당신의 의도를 다소 오해한다는 느낌을 받지 않으셨습니까?"

Z.H: 사람은 익숙하지 않은 일에 대처하기 어렵다고 생각합니다. 그것을 이해하기까지에는 오랜 시간이 걸리지요. 드레스덴(Dresden)에서 강의했을 때 재미있는 일이 있었습니다. 거기에 있던 많은 사람은 3년 전에 내가 했던 강의에 왔던 사람들이었는데, 그들은 제 작품이 예전보다 명확해졌고, 이해하기 쉬워졌다고 했습니다. 처음 제 작품을 보여주었을 때, 무엇보다도 우선 제가 그린 드로잉은 일러스트레이션이 아니라는 것을 이

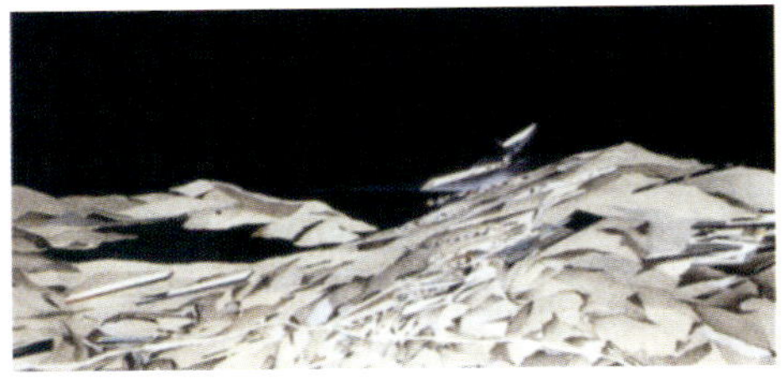

10

11

13

12

해하지 못했기 때문입니다. 제가 그린 드로잉은 건물이 아닙니다. 건물에 대한 드로잉인 것입니다. 최종적으로 완성된 것에 대한 일러스트가 아닌 것입니다. 그것을 텍스트처럼 볼 필요가 있습니다. 드로잉이라는 것은 아이디어를 탐색하기 위한 도구라는 것을 잘못 이해하면서, 단순한 일러스트레이션이라고 간주하고 있다고 생각합니다. 저에게 그것은 중요한 도구입니다. 무엇이 옳고 무엇이 그른지를 볼 수 있는 유일한 방법인 것입니다.

"현재 설계 중인 것이나 착공을 기다리고 있는 것 등 많은 프로젝트를 갖고 계시지요. 최근에는 이른바 보통의 드로잉도 그리지 않으면 안 된다고 생각합니다. 예를 들어, 비트라(Vitra)에서, 저로서는 아주 인상적이었습니다. 그것을 보면 당신의 건물은 드로잉의 질을 유지하면서도 아주 현실적인 국면을 갖추고 있습니다. 홍콩 피크 당시는 그것을 해결하지 못했다고 생각합니다만."

Z.H: 글쎄요. 저로서는 해결했다고 생각했는데, 사람들은 이해하지 못했다고 생각합니다. 첫 번째로 모더니즘의 전통 속에서는 아주 추상적인 건물을 세울 수 있다는 것을 사람들은 이해하지 못했다고 생각합니다. 그 드로잉을 이해할 수 없었던 것이고, 그 프로젝트도 이해할 수 없었던 것입니다. 비트라를 보면 사진 그대로인데 이것이 완성된다는 움직임과 에너지의 문제를 두고 우리들이 이야기를 하고 있을 때 사람들은 그것이 어떻게 건물로 전환될 수 있을지 의아해 했습니다. 실제로 건물은 움직이지 않는 것이 당연했기 때문이지요. 비트라에서는 이 가벼움을 실현할 수 있고, 건물은 거의 허공에 떠 있는 것처럼 보이지요. 그것은 무겁지 않고, 솔리드 한 부분과 가벼운 부분과의 대비가 있습니다.

저의 색채 사용방법에 대해서도 오해가 있었습니다. 페인팅에 사용한 색채가 바로 건물 색이라고 생각해 버리기 때문입니다. 때로는 그렇기도 하지만, 그렇지 않습니다. 페인팅은 하루 중 어느 시간에 빨갛게 나타난다고 해서 건물을 반드시 빨갛게 칠할 필요는 없는 것입니다. 즉, 렌더링(rendering)과 관계가 깊은 것입니다. 그리고, 투영이라는 것이 있습니다. 드로잉의 투영은 아주 중요한 것입니다. 그것은 프로젝트 전체의 기초를 구성하는 것입니다. 프로젝트는 투영된 공간이 됩니다. 그 후 평면에서 볼륨으로 아이디어의 관심을 전환하였습니다. 그것이 의미하는 바는 공간의 질입니다. 공간의 크기가 아니라 그 질의 문제입니다.

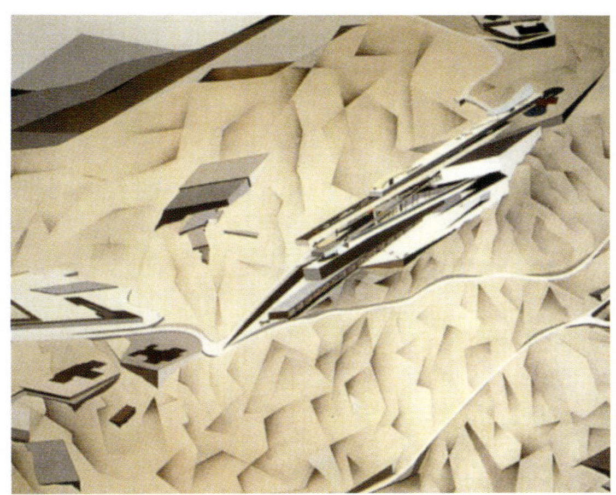

# 엘폰

"초기 설계는 한결같이 평면적인 것이었습니다. 최근의 건축은 계속 볼륨감 있는 것으로 변화하고 있습니다. 수평방향으로 겹쳐진 층 대신에 수직의 면을 삽입해서 당신의 아이디어를 안정시키고 있습니다. 비트라는 이 의미에서 볼 때 초기 작품이지요."

Z.H: 1988년 또는 1989년부터 지금까지는 아주 중요한 시기입니다. 초기의 프로젝트는 아주 평면적인 것이었지만, 점차 볼륨에 대해서도 생각하기 시작했습니다―평면의 위치나 그것들을 어떻게 볼륨 안으로 투영시킬지에 대해서, 비트라나 듀셀도르프로 연결되는 이 시기의 여러 작품 전체를 보면 평면의 레이어와는 반대로 볼륨의 레이어로 진행되고 있다는 사실을 알 수 있을 것입니다. 이것은 중요한 변신이라고 생각합니다. 왜냐하면, 그것은 공간에 대해 심층적으로 다루고 있고, 어떻게 공간을 구성해 가야할 지에 대해 나타내주고 있기 때문입니다. 저로서는 아주 흥미진진하게 일을 했던 시기였습니다.

16

"그렇군요. 초기 작품에서는 각 평면상의 그래픽 한 아티큘레이션은 그렇게 볼륨감이 있는 것은 아니였지요. 그러나 비트라에서는 모든 볼륨이 훌륭하고 아름다운 공간을 구성하고 있습니다."

Z.H: 비트라에서는 세심한 배려를 기울였습니다. 심플해야 했기 때문에 많은 주의를 기울였습니다. 그것은 놀랄 만큼의 정확성을 요구했습니다. 일본에서의 프로젝트인 아자부-주반(Azabu-juban)과 토미가야(Tomigaya) 설계를 진행하고 있을 때, 부지가 너무 좁았기 때문에 1인치라도 실수가 있어서는 안되었습니다. 정확성을 길러준 좋은 훈련이었습니다. 비트라 역시 아주 정밀함을 요구하는 것이었습니다. 시계처럼 말입니다. 완벽에 가까워야만했습니다. 많은 것이 삭제되었습니다. 네 개의 벽은 세 개가 되었고, 다시 두 개가 되었습니다.

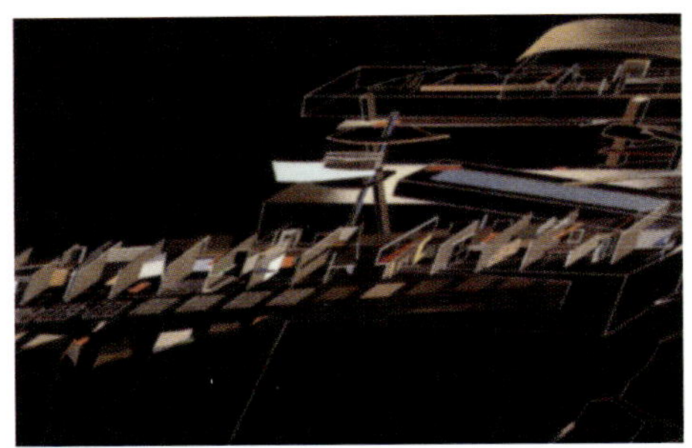

17

"토미가야(Tomigaya)에서 프로그램 상 면적에 대한 요구는 있었습니까?"

Z.H: 부지와 모든 요구항목이 주어졌습니다. 건물은 그 요구에 적합한 것이어야만 했습니다. 재미있었지요. 요구항목을 아주 주의 깊게 해석해 가야할 필요가 있었기 때문에 장갑을 디자인하고 있는 것 같았습니다. 모

18

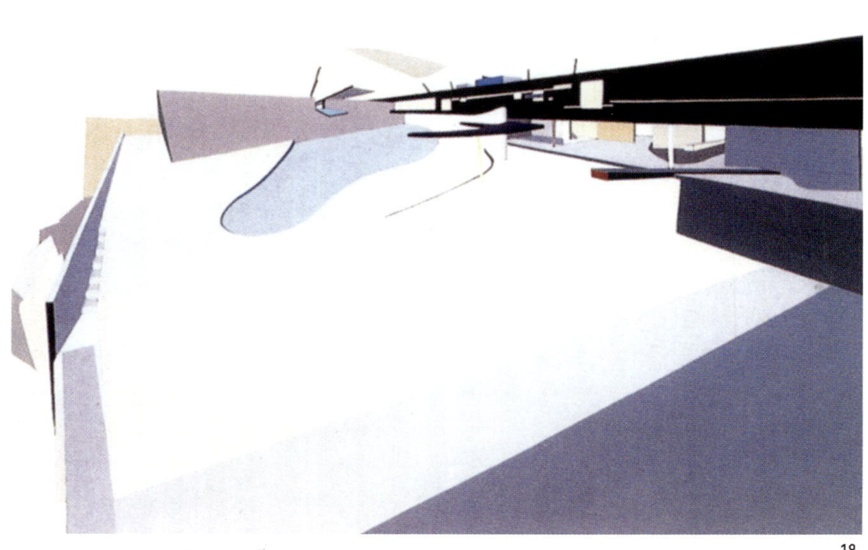

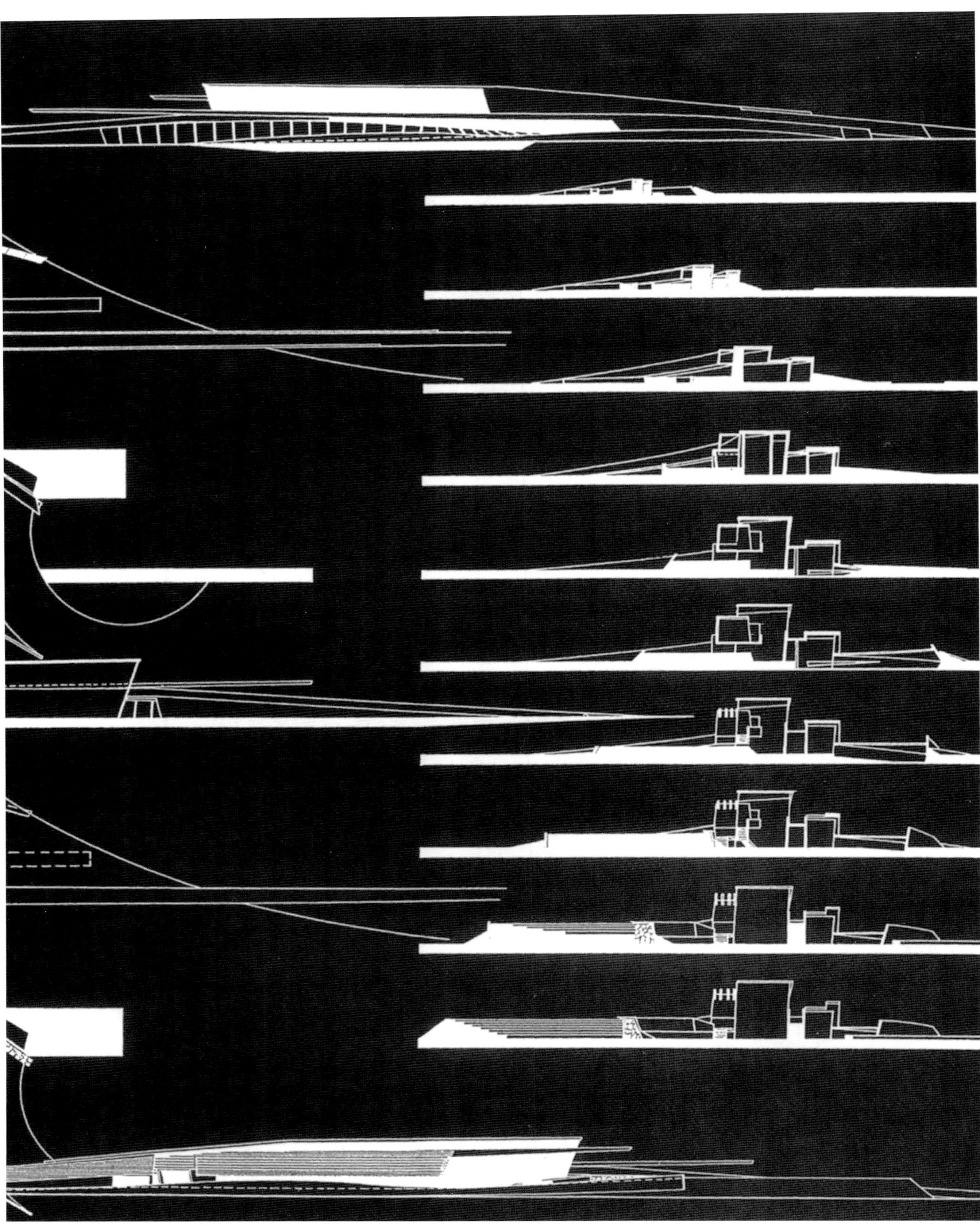

안도 타다오(Tadao Ando)의 〈타임즈 1〉 건물은 교토 시내 한복판에 위치한 상업 건축으로서 안도 타다오의 초기 작품에 해당한다. 교토의 시내를 흐르는 천변(川邊)에 위치하여 안도 스스로 지역의 특성과 수공간의 의미를 건축에 반영하도록 하는 계기를 만들어준 것으로 유명하다. 1980년대 당시 천변(川邊) 공간은 그리 주목받지 못한 곳이기도 한데, 이 시기에 전 세계적으로 포스트 모던의 영향으로 지역적 특성과 역사성이 강조되기는 했지만, 본격적인 의미에서 지역성의 구현은 그리 본격적으로 표현되지 못 했었다. 안도는 외형적으로는 국제적인 모더니즘을 계승하고 있지만, 안으로는 일본적 지역의 특수성과 케네스 프램프톤이 지적한 "비판적 지역주의"의 본격적인 시도를 하게 된다. 일본적 의미에서 지역적 특성이란 눈에 보이지 않는 어떤 것을 건축에 반영하거나 그것을 주요 디자인 요소로서 다루는 것을 의미한다. 이러한 건축은 국제적으로 통용되는 건축적 언어로 구성되어야 하며, 서양의 모더니즘과 어떤 관계 설정 하에 존재해야 한다고 볼 수 있다. 〈타임즈 1〉은 형태적으로는 국제적인 건축 경향을 따르고 있으나, 옆으로 흐르는 개천을 건물에서 바라보게 하거나 눈에 보이지 않는 개천 물 흐르는 소리를 듣도록 하거나 함으로서 지역의 구체적인 "감촉적" 특성을 반영함으로서 "비판적 지역주의"의 중요한 특성을 실천하고 있는 것이다.

〈타임즈 1〉은 후속 건물인 〈타임즈 2〉와 함께 교토의 중심 지역에 위치하면서도 교토의 지역성을 가장 잘 반영하고 있는 건축물이다. 비록 상업 건물이지만 문화적 용도의 성격이 강하게 나타나며 안도의 초기 건축디자인의 정수로서 중요성을 띠고 있다.

# Ando tadao의 건축사고방식
## : 안도 타다오와의 대화

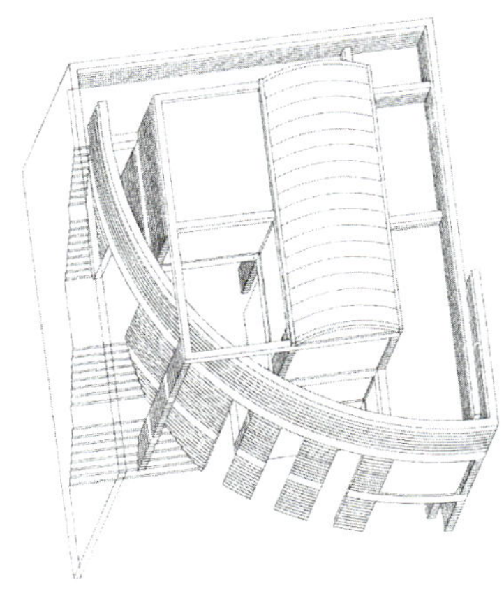

**"자주 여행을 한다고 들었습니다."**

**안도:** 예. 젊었을 때는 목적도 없이 단지 먼 곳으로 가고 싶었을 뿐입니다. 본적이 없는 것을 찾아 멀리 가고 싶다라고 생각한 것입니다. 그것은 거리뿐만 아니라 상상력으로도 타인들이 이해 못하고 체험한 일이 없는 것들을 보고 싶다는 생각에 의해 작용된다고 여겨집니다. 그러한 여러 생각에 휩싸여 오로지 걷는 것이야말로 나에게는 여행의 본질이라 여겨집니다. 그래서 여행은 혼자서 하는 것이 제일입니다.

**"그곳에서 건축물을 감상하였습니까?"**

**안도:** 처음으로 유럽에 간 것은 1965년입니다. 그때 비엔나를 보러 간 이유는 하이든이나 모차르트, 슈베르트, 쇤베르그 등의 음악가와 에공슐레(Egonshiele), 클림트 등의 예술가, 그리고 빈 분리파(Secessionist)의 오토 바그너, 조셉 호프만 등이 살았던 마을을 보고 싶었기 때문입니다. 그것은 세기말 시대의 꿈과 현실의 틈새기에서 출현한 수수께끼 같은 도시로 생각되었습니다. 바그너가 설계한 〈우편저금국〉의 젖빛 유리를 통해 경이로운 햇살이 비추어 나타난 수수께끼 같은 도시로 생각되었습니다. 부정형 에너지가 건축으로 표현되어 있는 듯이 보였고, 배기 통과 조명 기구 등, 그 당시 새로운 소재의 기술이 새로운 공간을 결정하고 있는 것을 보고 감동했습니다. 이 소재와 공간, 디테일의 관계는 후에 제가 공간을 이루는 소재로서 철과 유리, 노출 콘크리트를 선택할 때 재차 의식하게 되는 것으로, 오토 바그너가 다가올 시대의 소재로서 이것들을 사용한 것에 반해서, 저는 20세기를 대표하는 소재로 이 세 가지를 선택한 것입니다.

3

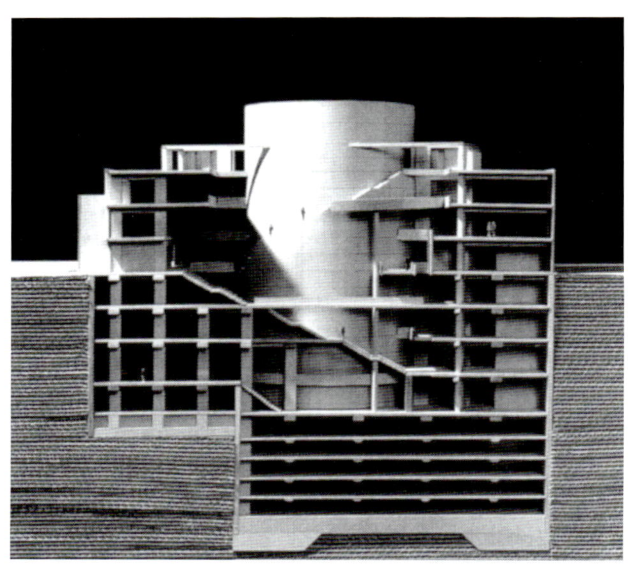

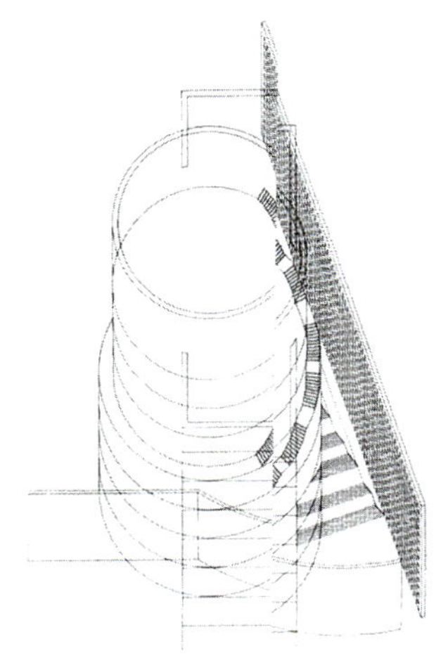

1

또한, 한스 홀라인(Hans Hollein)의 작은 상점 건물에서도 강한 영향력을 받았습니다. 소재가 함유하고 있는 본래의 성질이 새로운 형태로 표현되어 있는 것에 감탄했을 뿐만 아니라, 이 모두는 건축이다 라는 표현에서도 강한 인상을 받았습니다. 여기에서는 개체인 점으로서 갖는 건축의 상징성이 주위 환경에 자극을 주어 장소로서의 힘을 불러일으킨다는 데에 매력을 느꼈습니다. 몇 년후 제가 스미요시의 〈Rowhouse〉를 설계할 때에도 작은 건축물이 도시에게 주장한다는 것을 생각하고 있었습니다. 그러나, 비엔나에서 가장 보고 싶었던 것은 아돌프 로스와 〈비트겐슈타인 하우스(Wittgenstein House)〉였습니다. 〈비트겐슈타인 하우스(Wittgenstein House)〉는 당시 상당히 파손되어 있었습니다. 아돌프 로스의 건축은 미카엘 광장에 있는 〈로스 하우스〉를 비롯해서, 왜 일까? 하는 자문 자답을 해가며 많은 건축물을 둘러보게 하였습니다.

**"당신이 아돌프 로스와 연관되기까지의 경위를 말씀해 주십시요."**

**안도:** 아돌프 로스에게 흥미가 있었다기보다는 하나의 번뜩임과 같은 것이었습니다. 단순한 기하학 속에서 건축물을 지었던 로스, 그의 저작 『장식과 죄악』을 읽고, 그는 20세기의 본질적인 부분을 묻고 있구나 라고 생각했었죠. 그 당시 서양의 고전 건축을 수 없이 접함에 따라 떠오르게 되는 기하학적인 것에도 묘하게 끌렸습니다.

**"그것은 왜 기하학일까요?"**

**안도:** 건축의 본질이 단순한 형태 조작이 아닌 공간구축과 장소의 설정으로서, 인간은 이러한 수단으로 유사이래 사용해 왔습니다. 그것은 자연에 대한 이성의 상징이라고도 말할 수 있겠습니다. 다시 말해, 건축이 자연의 생성물이 아니고 인간의 의지를 표현하고 있다고 각인하는 것입니다.

처음 유럽으로 건너갔을 때, 그리스의 파르테논과 로마의 판테온, 이스탄불의 하기아 소피아(Hagia Sopia), 마이어 코카 시난이 만든 술탄 설리만의 모스크, 그리고 그의 제자가 만든 블루 모스크를 보러 간 것 또한 서양의 건축 중에서도 기하학적인 형태의 근원이 되는 것을 보고 오겠다는 생각에서였습니다. 인간의 사고 흔적인 기하학이 어떻게 건축화 되어 있는가를 자신의 몸으로 체험을 하고 싶었습니다. 그리고 기하학의 힘에 의해 지어진 건축의 상징성이 주위를 지배하고 자극하는 힘을 확인하고 싶었습니다. 아돌프 로스의 건축에 대해서, 〈뮬러 하우스〉나 〈몰러 하우스〉 등의 몇 가지 실재 건물과 사진을 보고, 단순한 형태 속에 내재된 공간의 불가사의함을 체험한 일이 있었습니다. 이것은 〈로스 하우스〉에서도 마찬가지로, 계단실을 빙글빙글 돌아가는 듯한 공간을 저는 그때까지 경험해 보지 못했기 때문에, 그것은 『장식과 죄악』에서 말하고 있듯이 단순한 상자 속에 라움플랜(Raumplan)이라는, 평면을 빙글빙글 전개시켜 가는 간단한 조작만으로도 공간이 매우 풍부해지는 것에 매력을 느꼈습니다.

아무래도 일본인은 오토 바그너의 건축을 좋아하는 것 같습니다만 나름대로는 호프만이 지은 브뤼쉘의 스토클레 하우스(Stoclet House)를 사진이 아닌, 실제로 꼭 보고 싶었습니다. 그것은 1993년이 되어서야 겨우 볼 수가 있었습니다. 이때 그들의 건축을 체험함으로써 일본과 유럽의 건축에 대한 견해와 사고의 차이를 실감할 수 있었습니다. 저는 일본의 전통적인 건축을 특별히 체계적으로 배우지 못했지만 일본인이기에 일본적 공간체험이 있었습니다. 그런 점에서 서양 건축을 끌어온 건

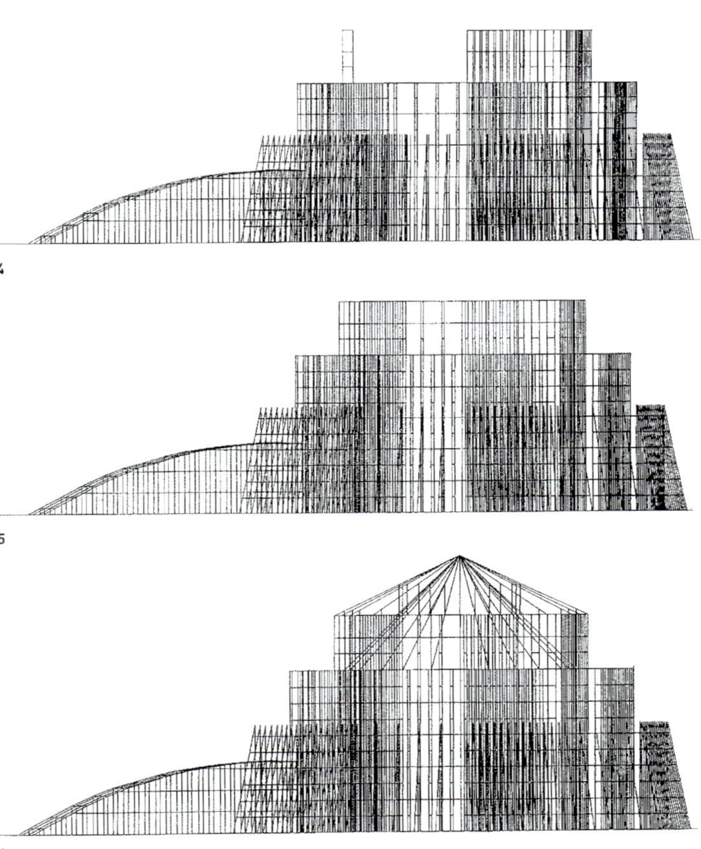

4

5

6

# 타임즈 I

축으로부터 많은 자극을 받은 듯 합니다. 결국 건축이 시대의 요청을 받아 만들었다는 회화나 조각, 음악과 다른 점은 사회, 경제, 법률이란 요소와 깊게 관계되어 그 시대를 표현한다는 점입니다. 아돌프 로스가 실로 질서 있는 공간을 구성하면서 미궁과 같은 난해한 공간을 주택작품에서 표현하는 것을 보고 더욱 흥미 깊어 한 것이 65년, 68년 유럽에서의 중요한 체험이었고, 저의 내면에서 단순함을 내포한 풍부함이 주 테마로서 떠오르는 것을 느꼈습니다. 이 상반된 둘 사이의 거리를 어느 정도 취할 수 있는가에 관심이 있었습니다.

**"당신에게 그 당시는 어떠한 시대였습니까?"**

**안도:** 50년대 후반에서 60년대는 르 꼬르뷔제나 미스와 같은 건축가의 완성기이고 근대 건축이 갖는 가능성을 그들이 모두 시도하고 완성한 시기라고 생각합니다. 그러한 근대 건축이 가장 활력 있던 시대에, 예를 들어 르 꼬르뷔제의 작품집을 따라하거나, 라이트의 자전, 작품집을 언급하면서 건축가의 삶을 배웠습니다. 라이트에 대해서는 초원 주택을 시작으로 그 자신의 체험에서 비롯된 생활의 변화가 작품에 반영되어 가는 상황과 미국 풍토에 의해 형태 지어짐에도 불구하고 이상하게 일본주택과 유사한 공간을 이루고 있다는 데에 흥미를 느꼈습니다. 미스는 모든 것을 배제하며 자신의 엄격한 미의식(美意識)만을 표현했던 드로잉과 유리 수직 벽의 연출을 통해 그때까지의 역사를 완전히 바꾸어 버렸습니다. 그가 생각한 건축이 뉴욕과 시카고에 서 있는 모습을 보고 르 꼬르뷔제와 미스가 추구한 건축이 다르다는 것을 느꼈습니다.

한편, 저는 르 꼬르뷔제의 용기와 상상력, 질서와 미궁을 자신의 육체의 일부분에 유숙하고 있는 인간으로, 대단히 양극적이라고 할까, 말로 표현하기 어려운 개성에 매력을 느끼고 있었습니다. 1968년, 폐허처럼 변한 빌라 사보아의 담을 넘어 갔을 때 몹시 엉성한 인상을 받음과 동시에 타지방에서 그 폐허의 존재 의미를 미처 다 이야기하지 못한 듯이 느껴졌습니다. 그리고 필로티와 옥상 정원 등 르 꼬르뷔제가 주장해온 것들을 보았을 때, 이 얼마나 아름다운가 라고 감탄했던 것을 상상해 봅니다.

제가 학교에서 건축을 배우지 않은 탓인지 여러 사람들이 저 책은 잘못되었다라고 말했던 기디온의 『공

7

8

10

9

11

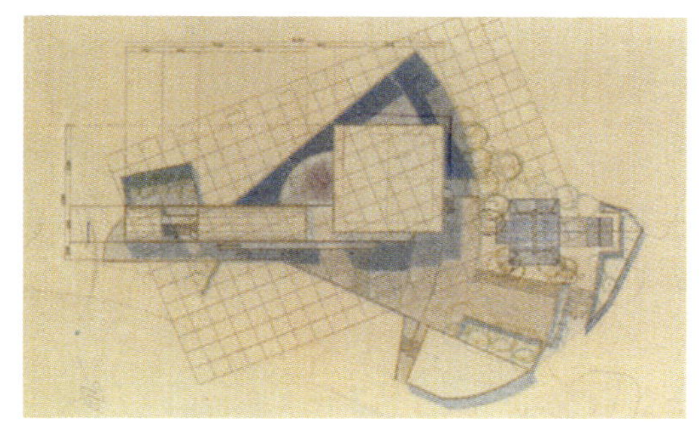

12

간, 시간, 건축』을 읽고, 근대 건축을 공부했다고 여겼습니다. 표현을 만들어 내는 근대 건축에 흥미를 가지고 있었습니다. 근저에 있는 추상성과 기하학에 있어 로스에게도 관심을 가졌던 것입니다.

그러나, 60년대 이후의 근대 건축 중에서 합리주의, 즉 기능과 소재를 자연스럽게 사용하면서 그것들이 사고를 바탕으로 하여 일직선으로 환원된 단순함에는 로스의 건축이 현실에서 지속된 것과 같이, 연속과 불연속의 중첩이라는 것과 또한 일본의 전통 건축이 지니고 있는 것처럼, 빛과 그림자 사이에 부자연스런 관계는 없었던 것 같습니다.

"부자연스런 느낌이라면 무엇입니까?"

안도: 그것은 작품의 체험자와 언급할 일이 없었다는 뜻입니다. 근대적인 기능주의 건축 속에서 건축을 전체성으로서 파악하는 것과 부분과 전체라는 테마를 자신이 그다지 의식하지 못했습니다. 이 일로 무척 고민했었습니다.

"그런데, 그 당시에는 어떤 작업을 하고 있었습니까?"

안도: 1960년 초부터 약 1965년경까지는 인테리어나 점포를 꾸미기도 하고, 가구를 디자인한다든지 건축사무소에 아르바이트로 나가기도 했습니다. 설계 사무소만이 아니라 조각가를 돕기도 하고 영화 간판 제작 아르바이트까지도 하고 있었습니다.

"어느 설계 사무소에서 근무했습니까?"

안도: 온갖 설계 사무소에 다녔고, 더러는 3, 4일 밖에 출근하지 않은 곳도 있었습니다. 또한, 의뢰 받은 주택을 목수와 함께 지은 적도 있습니다. 그때 느낀 것은, 책상 위에서 생각하는 것과 실제 현장에

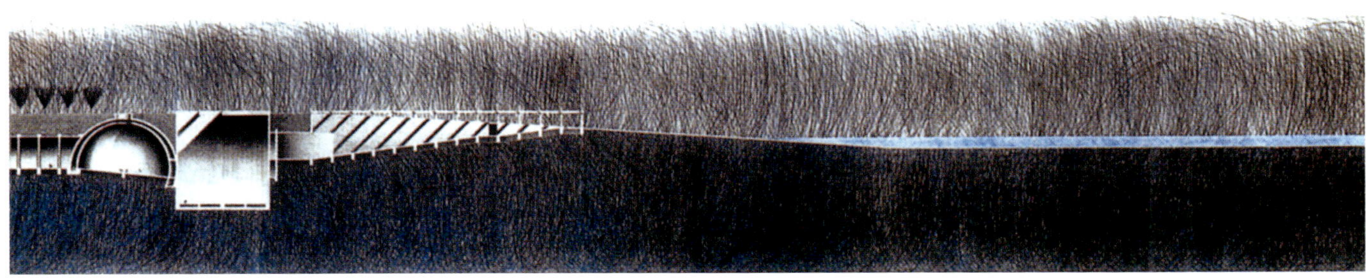

13

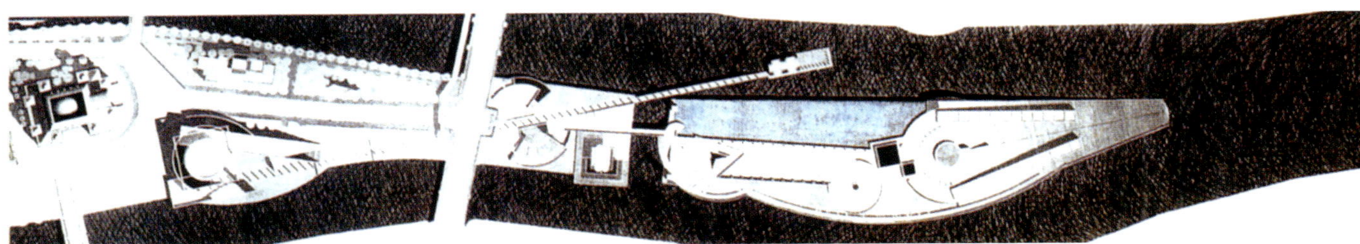

14

# 타임즈 Ⅰ

서 만들어 가는 것 사이의 차이(gab)였는데, 그 사이에 있는 거리가 이상스럽기도 하고, 또 재미있기도 했습니다. 그리고, 그러한 틈에 구상 미술에 종사하는 사람들과 교재하며 현대 미술에도 강하게 끌리게 되었습니다. 잭슨 폴록(Jackson Pollock), 듀샹(Duchamps)과 워홀(Warhol) 등의 이름을 알게 된 것도 이러한 것들과 더불어 그 시대의 이해 할 수 없는 에너지에 혼입 되어 있었다고 생각합니다. 이러한 다이나믹한 활동에 끌리는 한편, 나라나 쿄토의 일본 건축이 지닌 정적인 공간에도 발을 딛고 있었습니다. 이 점에서는 명확한 개념 설정은 없었는데, 공간은 세월에 따라 상당히 변천하였고, 자연과의 관계는 일본적 사고 체계와 마찬가지로 애매하지만 그러한 공간을 체험하는 사이에 점점 그것에도 빠져들어 갔습니다.

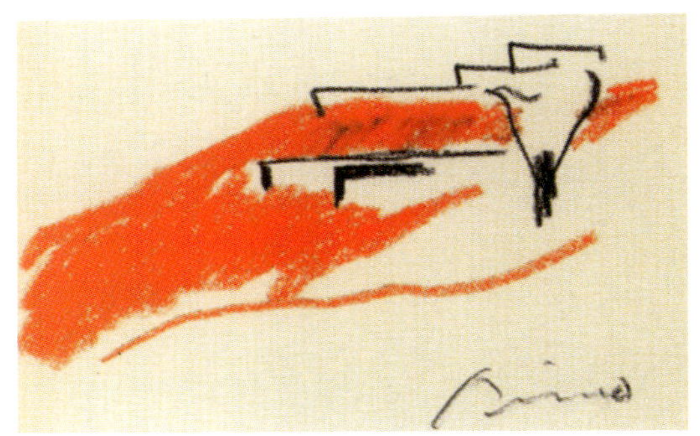

15

**"당신은 기계과를 졸업한 것으로 압니다만, 건축으로 전향하게 된 계기는 무엇입니까?"**

**안도:** 실제로는 고교시절, 학교에 그다지 가지 않았기 때문에 기계과였든 건축과였든 관계없었습니다. 기계과 시절에 관해서는 그다지 기억에 없습니다. 기껏해야 도면을 그려서 선반에서 쇠를 깎아 물건을 만들던 정도의 기억밖에 없습니다.

건축과 가장 최초로 관계한 것은 중학교 2학년 때입니다. 저의 집을 증축 한 것입니다. 이웃의 목수와 함께 증축했습니다. 내세울 정도로 특별한 일을 하고 있었던 것은 아니지만 저에게는 대단히 매혹적인 체험이었습니다. 그런 후 잠시 건축과의 인연은 없었는데, 간혹 가구를 제작하는 등의 작업은 하고 있었습니다. 주위에 건축과 관계 있는 사람들이 있었던 탓에 재차 흥미가 일어났고, 결국 건축을 시작하게 되었습니다. 그 이후에 학교에서 공부를 한 것이 아니라, 혼자서 공업 고등학교 제본을 따라한다든지 나름대로 의문이 여럿 발생해서 계속 앞으로 진행해 갔습니다. 건축이란 기능, 소재, 구조, 경제성을 고려하여 만들어지는 것인데, 건축사 시험이란 것이 의외로 추상적이고 건축에는 철근 콘크리트도 있을뿐더러 철골도 있으며 목조뿐만 아니라 블록조가 있음에도 불구하고 일급 건축사의 경우, 목조 시험이 없었습니다. 전통적인 건축은 그 구조부터 공부하지 않으면 좀처럼 이해하기 어렵고 목조를 설계할 때는 그 구조 도면을 그려내지 못해서는 불가능합니다. 그리고 나서 장식에 이르기까지 총체적으로 가능토록 해야 했습니다. 그런 의미에서 본다면 실제로 건축을 행하는 현장에서부터 시작한 것이 아주 다행스럽게 여겨집니다.

16

**"독학으로 건축을 공부한다는 것은 매우 드문 경우인데, 당신은 실제 일을 통해 그 지식을 획득 한 것이군요."**

**안도:** 주로 목조 건축입니다만, 실제의 작업 속에서 생명을 가진 물체인 나무의 성질, 공법, 기술을 배우고, 전통적인 일본 건축의 사상을 —그 깊이를 포함하여— 조금은 알게 되었습니다. 이 시기의 건축에 대한 사고가 현재 저의 건축에도 큰 영향을 주고 있다고 생각합니다. 반면에, 갖가지 경험적으로 배우는 것과는 다른 부분도 있을 것입니다. 구미의 대학에서는 학교로부터 사회로 진출하고 그리고 다시 학교로 돌아오는 경우를 빈번히 볼 수 있지만, 일본에서는 거의 있을 수 없습니다. 일단 사회에 나가 의문을 품고 다시 학교로 되돌아오는 것이 바람직하다고 생각합니다. 저의 경우는 사회에서 의문을 가졌기 때문에 스스로 공부하여 재차 사회로 진출하려고 생각한 것입니다.

단지 이런 과정에서 괴로웠던 점은 건축을 함께 이야기할 사람이 없는, 즉 학교에서 당연히 얻을 수

17

18

19

20

21

22

있는 동급생이 없었다는 점입니다. 저의 건축을 생각할 때에도 자문자답 하지 않으면 안되었고, 이것은 자폐증에 걸려야만 한다는 의미였습니다. 지금까지도 건축에 관해서 타인과 용기 있게 대화할 수 없는 이유는 10대 후반에서 20대에 걸쳐서 겪은 이러한 체험이 그렇게 강요하는 것이 아닐까 생각합니다. 자신이 어느 수준에 도달해 있는지에 대해 불안감이 늘 함께 했고, 대화를 나누고 싶어도 마음이 내키지 않았습니다. 이런 불안감이 여태껏 지속된 것에는 좋지 못한 면도 있지만 반면 플러스 효과도 있었다고 봅니다.

그런 의미에서 저에게는 모더니즘이 꽤나 교조적이었습니다. 무슨 일이 있어도 정당한 모더니즘만을 공부했던 탓에 아주 편협적이었지만 그것을 의문 삼을 만큼 교양이 없었습니다. 그런 이유로 1968년까지 책을 읽고 오로지 걸어서 돌아다녔습니다. 젊고 혈기 왕성했기 때문에 하루 12–13시간을 걸었던 것 같습니다. 책을 읽고 그리고 걸어서 보러 가고 다시 책을 읽는 방식이 저에게는 도움이 되었습니다. 그런 과정에서 오로지 자문자답만을 해 왔던 것이 현재의 건축이 되어 있는 것이라고 생각합니다. 만든다는 것은 문득 떠오르는 것을 상식으로 뒷받침하면서 끈기 있게 진전시켜 나가는 것이라고 생각합니다.

"이번 대지진은 당신이 자란 고베 지방에 심각한 피해를 주었는데 이 재난에 대해서 어떻게 생각합니까?"

**안도:** 상상도 할 수 없는 자연의 마력으로 발생한 비극은 말로 표현할 수 없는 슬픔을 주었습니다.

"지진이 일어났을 때 어디에 계셨습니까?"

**안도:** 1995년 1월 17일, 저는 런던에 있었는데, CNN뉴스에서 고베 대지진 소식을 접했기 때문에 시카고 방문 계획을 취소하고 간사이로 돌아 왔습니다. 19일. 오사카의 탬포잔에서 배로 고베시의 메리켄(Meriken)부두를 건너가 산노미야의 고베 시청과 현청을 방문했습니다. 아무튼 놀랬습니다. 도시나 건축을 생각하거나 만드는 사람으로서 여러 가지를 느끼게 했습니다. 도시라는 것은 로마의 비트루비우스가 주장한 기능, 구조, 미, 즉 기능과 안정성, 미적인 개성을 당연히 근거로 해야 한다는 것이라면 일본의 도시는 그런 주장과 그다지 합치해 있지 않다는 의미에서 균형 잡혀 있지 않은 상태로구나 생각했습니다. 여기에서 떠오른 것은 19세기의 시카고 대 화재라든가, 전후 베를린이나 프랑크푸르트의 부흥, 유고슬라비아의 스코피에 도시 계획의 현상설계였습니다. 이제부터 어떻게 고베 지역이 부흥될 것인지 건축가로서 매우 관심이 있었고, 직접적인 참가가 아닐지라도 가능한 한 저 나름대로 제안해 보고 싶었습니다. 가장 큰 문제는 도시라는 말에 대한 개념이 일본인에게는 없었던 것이 아닐까. 모여 사는 것에서의 넉넉함, 편리성과 그 반대의 위험성이 있다는 사실을 망각하고 너무 비대해 진 것은 아닐까 저는 생각했습니다. 건축을 한다는 의미에서 무엇이 중요한가라고 묻는다면 건축의 기억, 도시의 기억이라는 말을 얼마나 인간의 몸 속에 깊게 새길 수 있는가 하는 점을 들것입니다. 이번 대지진 재해에서 이 점의 중대함을 뼈저리게 느꼈었습니다.

약 30년 정도 계속 왕래했던 고베시의 메이지, 다이쇼, 쇼와 시대의 건물이 파괴되어 기억 속에서 그곳에 있어야 할 곳에서 사라지고 없어진 탓에 저는 기억 상실증에 걸린 듯이 느껴졌습니다.

그런 사실에 충격을 받음과 동시에 사람들의 기억에 남는 건물을 세우는 것도 저의 일이라고 생각하게 되었습니다. 예를 들어, 베를린의 장벽, 브란덴부르크 문(Brandenbrug Gate), 아이어만의 건축들

# 타임즈 Ⅰ

이 있느냐 없느냐에 따라 사람들의 기억도 달라질 것입니다. 인간에게 있어 기억이란 말이 얼마나 소중한 것인가를 이번 대지진의 재해로부터 뼈저리게 느꼈습니다. 도시에서 사람들에게 기억될 건축을 파괴, 해체하지 않고 다음 시대의 사람들을 위해서라도 보존시켜야 하며, 또한 그러한 건축을 우리가 만들어 내기 위해서 안이하게 건축 활동이 이루어져서는 안됩니다. 그리고 인간의 일생 중 어릴 때의 공간 체험이 그 이후에 많은 영향을 미치기 때문에 단순히 안전성과 기능성이 아닌 기억까지 포함하여 개성 있고 미적인 건축물을 만들어 가야 합니다.

**"전에 라디오 프로에 출연했을 때, 부흥과 관련된 건축에 대해 언급하셨는데 "벽돌을 기저로 함이 어울리지 않을까"라고 말씀하셨죠! 당시 매우 의외라고 생각했습니다만."**

**안도:** 아시는 바와 같이 고베는 옛날부터 벽돌집 건물이 많은 도시로 이것이 소재의 이미지가 됩니다. 잡다한 건물이 향후 마을을 이루는 것보다는 어느 정도 통일성을 색조나 소재에 제한을 둔 기본 바탕으로서 벽돌을 이용하는 것이 좋다는 생각입니다. 공공건물, 미술관, 박물관 등의 특수한 기능을 가진 건축은 차치하고 일반 건물에서는 벽돌이 좋겠죠. 그렇다 하더라도 현실적으로는 조립식 가옥과 24구법의 목조, 알루미늄이나 스틸의 커튼 월로 구성되는 도시도 될 것입니다.

도시의 부흥에 관해서는 그 도시가 일년 후에 어떤 모습으로 있어야 하는 것과 더 나가서는 십년 후에 어떤 모습으로 있어야 하는 가를 함께 생각해야만 합니다. 오사카와 고베 사이의 지역은 바다와 산으로 둘러 쌓여 있습니다. 그래서 주거 환경으로는 절대적으로 좋은 조건을 갖고 있습니다. 그러한 환경의 장점을 살린 형태로 또 생활하기 위한 도시로 만들어 가야만 합니다. 이에 대한 제안이 이번 집합주택의 안이었습니다. 비근한 예이지만, 관동 대지진 후에 동경 각지에서 세워진 아파트를 본 사람들은 이런 곳에서 살고 싶다고 마음먹었을 것입니다. 이번 지진 재해의 부흥에서도 그곳의 생활이 매우 만족스럽게 여겨지도록 주택을 디자인해야 하지 않을까요. 이러한 관점에서 이번 지진 재해에서 주택 문제를 축으로 도시를 재해석한다는 생각을 떠올렸습니다. 경제 중심주의나 실리주의로부터 도시를 격리시켜 새로운 시각으로 도시를 보려고 했습니다.

23

24

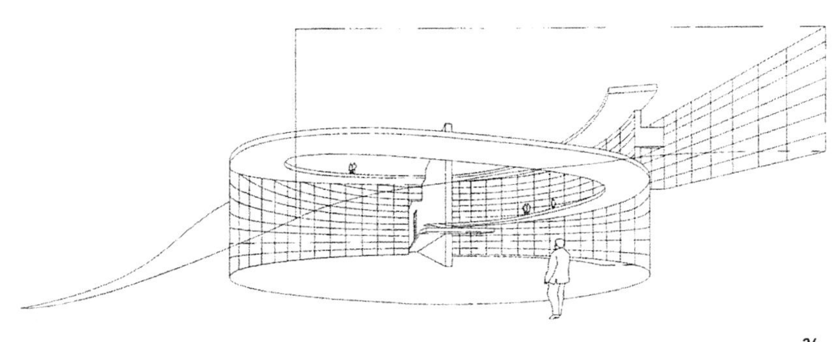

26

25

27

28

29

"그것이 이번 지진 재해 부흥의 하우징 프로젝트이군요. 어떤 내용이 포함되어있는지 설명해 주십시오."

**안도:** 지금까지 일본의 도시에서는 주택까지도 자본주의에 의해 상품의 하나로 건설되었습니다. 상품에서 벗어나 풍족한 생활이란 무엇이고 모여서 산다는 의미가 무엇인지를 철저하게 다루어 보고 싶었습니다.

다음 세대에 계승될 것을 감안한 집합주택의 이상적인 상태를 추구하려 했습니다. 일본이 맞이하고 있는 고령화 사회를 고려하면 젊은이, 가족세대, 고령자가 혼재하면서 일체화된 생활이 가능한 장소에 대해서 생각할 필요가 있습니다. 현재의 뉴타운은 주호의 유형이나 그 가격에 의해 결국 이쪽은 40대 저쪽은 50대라는 식으로 나누어지고 말았습니다. 이러한 형식으로는 도시라고 말할 수 없겠죠. 이번에 제가 제안한 것은 지상에 가까운 저층의 고령자 주택인 코트하우스 타입의 주호와 중층 가족 타입의 주호, 고층 젊은 세대 대상의 주호를 하나의 형태로 만든 새로운 집합 주택입니다. 뒤로 후퇴된 옥상이 단상의 옥상정원을 만듭니다. 중층 이하에서는 각 주호 마다 정원이 있는 각양 각색의 주호를 선택할 수 있습니다.

집합 주택이란 무엇일까라고 생각할 때, 모여서 산다는 말의 가치를 생각하지 않으면 안됩니다. 여기에서는 집합에 의해 가능하게 된 공공시설, 즉 유치원, 보육원, 상업시설, 복지 시설 등을 포함한 건축으로 전개하려는 것을 제안하고 있습니다. 이러한 시설을 각각의 집합주택이 부담하고 이것이 연계되어 감에 따라 그 마을의 자본이 늘어나 풍족한 생활이 실현되어 간다고 생각합니다.

"당신의 건축에는 상당히 사회적인 대응성의 요소가 많아 이것이 에너지를 발산한다고 생각합니다만."

**안도:** 도시 속에서의 건축이 어떠한 방식으로 있어야 하는가를 고려해 볼 때, 건축이 갖는 사회성과 좋은 의미로서의 폭력이 중요합니다. 건축의 표현 행위, 즉 건축이 의사를 갖는다는 것은 어떤 의미에서 보면 다른 사람에게는 폭력이 됩니다.

"폭력이라면, 처음으로 〈토미지마 하우스〉를 설계했을 쯤에 당신을 게릴라라고 불렀었죠?"

**안도:** 예, 맞습니다. 저도 그렇게 말하고 있었습니다. 60년대 후반에, 맥루안(McLuhan)이 미디어는 메시지다라고 말했을 때 전후로 Chequevara의 싸움법에 모두가 영향을 받았었습니다. 문제가 있는 곳에 갑자기 나타나 그 문제를 해결하고 사라지는 무장한 집단을 상상한 것입니다. 정치나 기술, 경제 등 기성 사회의 제약에 저항함을 부르짖고 싶었습니다.

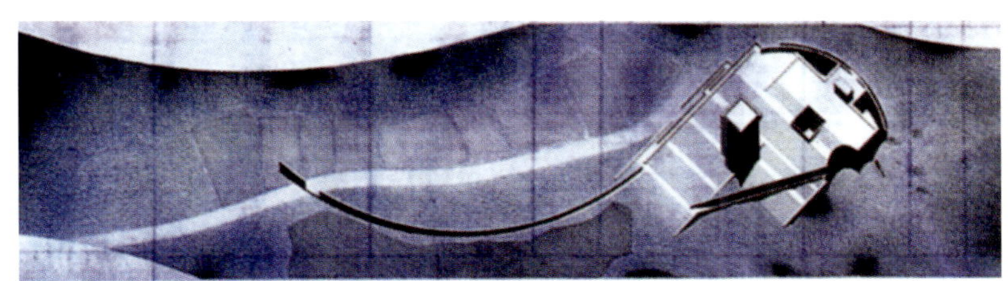

30

# 타임즈 Ⅰ



"현재 많은 건물을 설계하고 있는데 그런 게릴라 정신은 계속되는 겁니까?"

**안도:** 공공 건축에서도 주택과 같이 결국은 게릴라라는 폭력, 즉 의사를 가진 개인이나 집단이 의당히 맡아서 해야 할 것으로 생각합니다. 하지만, 그들은 현재의 표현적 민주주의 시대에서 대부분 그것을 인식하지 못하고 있습니다. 그러므로 표현자는 평화로운 평균적 상황에서만 벌이는 폭력적인 행위 이외에는 존재 이유가 없는 것이 아닐까라는 생각을 합니다. 그리고 폭력을 지속하는 것이 가장 어렵습니다. 60년대 후반쯤에는 저도 아직 젊었기 때문에 그것이 가능하다고 믿었습니다. 그리고 모든 부분에서 그것에 대한 압력을 받으며 지속해 왔습니다. 그러한 기성의 사회 상황에 저항하는 자세를 계속 취할 수 있는 데에는 육체적으로나 정신적으로 엄청나게 많은 에너지가 필요하게 됩니다. 그렇더라도 저는 언제나 그런 자세를 취하고 싶습니다. 저 자신은 제가 게릴라로서 25년 간 의식하지 못한 채 다행스럽게도 여기까지 올 수 있었습니다. 앞으로도 도시에서 건축을 해 나감에 있어, 이 방식 이외로는 제 자신이 건축가로서 존재 할 수 없을 것으로 압니다.

70년대 이후에는 건축이 평균화, 균질화 되었다고 생각합니다. 75년 스미요시의 〈Rowhouse〉를 시

31

32

"

공했을 때 저의 생각은, 어떤 형태로 자신의 사회에 대한 의사를 표현하고, 그리고 자신이 자유롭게 산다는 것을 외치고 싶었습니다. 일본인이 나태해지기 시작할 무렵, 즉 평화가 막 정착되었던 무렵이므로 주변에서는 당치도 않은 집이었겠죠. 발표될 당시에 제가 의식하지 못한 사항이 많았던 탓에 주위로부터 집중공격을 받았습니다. 그것은 어렸기 때문에 미숙했다는 의식보다 지금까지도 잘못되었다고 생각치 않습니다.

원래 도시는, 살겠다는 의사를 표현하는 장소입니다. 그래서 개인이 여러 의사를 갖고 산다는 것은 틀림없습니다. 그리고 이런 의식이 일본인에게는 결핍되어 있다고 봅니다. 적어도 저의 내부에서는 이것이 환상으로 존재하는 게 아닐까하는 생각이 듭니다. 전후 50년 간, 평화로운 민주주의나 기업주의, 교육 등이 어느 한 단면만을 강조 한 탓에 그렇게 하는 것이 성공의 비결이 되었는지도 모릅니다. 이것은 생산형 도시에서는 큰 장점이 되었지만 다양한 도시나 국가로 변해 갈 때에는 오히려 상당한 장해 요인이 됩니다. 건축은 소재, 형태, 구조, 법규 등의 모든 요소를 극복해서 만들어지는 것입니다. 그러나 그것은 모든 조건의 조정 행위만이 아닌 자기 나름대로의 생각으로 의사 결정을 해간다는 뜻입니다. 이것은 아마 일본 사회가 전혀 좋아하지 않겠죠!

"오늘날, 게릴라 시대와 비교했을 때, 공공 건축도 다수 다루어 졌고, 건축가의 건축가(Architect's Architect)로서 또한 대중으로부터도 높이 평가받고 있습니다. 의사 결정을 내리기 쉬운 긍정적인 상황이 전개되어 있는 것이 아닐까요?"

**안도:** 예를 들어, 금번 지진 재해로 저는 부흥을 위한 제안을 하고 있는데, 이것은 행정이나 경제계에는 대단히 귀찮은 일입니다. 저의 제안은 현재의 사회적, 경제적 여건을 넘어서 생활이나 사회가 이렇게 있고 싶다라고 뜻하고 있기 때문입니다. 이 반년은 일상 설계를 중지하고 부흥을 위한 제안을 내걸고 싶습니다. 저의 제안이 실현될 것이라고는 생각지 않지만, 1995년 봄 제가 이렇게 생각했었다라는 사실을 확실히 표현해 두고싶습니다.

요약하면, 저는 생산하는 일을 즐거워하지 않고 생각하는 자유를 선택한 것입니다. 자기의 제안과 꿈을 머릿속에서 완성시키고 싶다는 욕구일 뿐 사회에서 실현 한다는 목적으로 진행하고 있는 것이 아닙니다. 예컨대 르 꼬르뷔제에게도 실현되지 않은 많은 제안이 있었는데, 저는 그런 자세에 매혹되었고 저도 그렇게 하고 싶습니다.

34

35

36

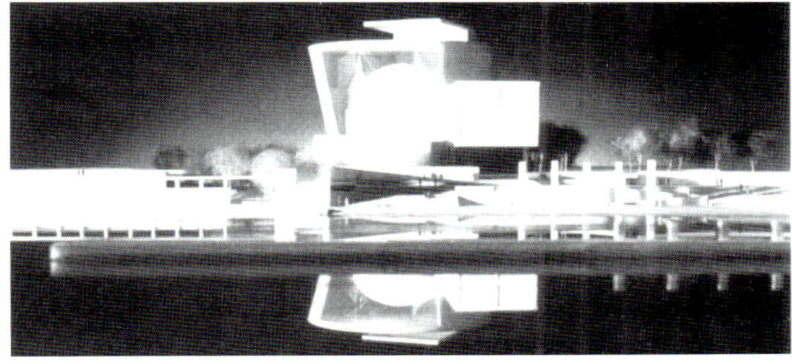

37

# 세인트 베네딕트 교회

## Saint Benedict Chapel

# Peter Zumthor의 건축사고방식

**1**

미술관 관장으로부터 인터뷰를 받았을 때이다. 그가 교묘하고 뜻밖의 질문을 준비해서 나의 건축에 대한 생각이나 내가 하는 일 중 무엇이 중요한지 등에 대해 속을 떠보는 질문이었다. 당시 테이프 레코더는 돌고 있었다. 최선을 다 했지만 인터뷰가 끝났을 때, 나는 자신의 대답에 만족하지 않는다는 것을 깨달았다.

그날 밤, 나는 친구이자 영화 감독인 아키 카우리스마키의 최신작에 대해 서로 이야기했다. 나는 그의 등장인물에 대한 공감과 경의를 평가하고 있다. 그는 지휘자와 같이 배우들을 그의 의지 아래 복종시켜, 그들을 단순한 자신의 컨셉의 표현 수단으로써 취급하거나 하지는 않는다. 우리가 배우들에게 존엄과 개성을 느끼는 것과 같은, 그런 빛을 그는 배우에 던지고 있는 것이다. 카우리스마키의 예술과 그의 영화로부터 따뜻함을 느낄 수가 있다. 그렇게 동료들에게 말했을 때, 오늘 아침 테이프 레코더를 향해 말하고 싶었던 것이 이것이었던 것이라고 깨달았다. 카우리스마키가 영화를 만들듯이 집을 만든다. 그것이 내가 요구하고 있는 것이다.

**2**

내가 묵고 있던 호텔은 프랑스의 유명한 디자이너에 의해 설계되었지만, 유행하는 디자인에 흥미가 없었던 탓인지 나는 그의 작품을 잘 모른다. 하지만, 호텔에 들어간 순간부터 그의 건축이 자아내는 분위기가 효과적으로 발하기 시작했다. 인공 조명이 홀을 무대와 같이 비춘다. 억제된 빛이 흘러 넘치고 있다. 벽의 니치에 여러 가지 자연석을 조합한 리셉션 데스크에는 밝은 엑센트가 주어져 있다. 금빛으로 빛나는 벽면으로부터 떠오른, 홀을 둘러싸는 가운데 2층의 갤러리로 우아한 계단을 오르내리는 사람들. 가운데 2층에서는 홀을 볼 수 있는 드레스 써클 박스에 착석하여 가벼운 식사나 음료를 즐길 수가 있다. 여기에는 특등석 밖에 없다. "패턴 랭귀지"를 통해, 사람들이 본능적으로 쾌적하다고 느끼는 특별한 상황을 기술한 크리스토퍼 알렉산더 역시, 이것이라면 만족할 것이다. 나는 홀을 바라보는 박스에 앉았다. 관객으로서 말이다. 설계자의 무대 장치의 일부와 같이 느끼면서. 사람들이 왕래하며 출입하는 것을 보는 것은 기분 좋은 일이다. 이 설계자가 인기가 있는 것도 당연한 일이라고 나는 느꼈다.

**3**

프랭크 로이드 라이트의 작은 주택을 보고 감명을 받았던 일이 있다고 나의 친구는 말했다. 실들은 모두 작고, 친밀함으로 넘치며 천정도 낮다. 작은 도서실에는 특별한 조명, 화실 등으로 흘러 넘치듯이 건축 장식으로 가득 차 있다. 주택은 전체적으로 수평 방향을 강조하고 있는데, 그것은 그녀에게는 경험이 없는 일이었다. 노부인은 지금도 거기에 살고 있지만, 나에게는 그곳을 방문해 집을 볼 필요는 없었다. 그녀의 말하고 싶은 것은 충분히 알았고, 그녀가 설명한 "우리 집"이라는 감각도 충분히 알고 있었기 때문이다.

**4**

심사위원들에게, 건축상을 경쟁하는 건물이 제시되었다. 나는, 건축가와 함께 직접 헛간을 개조, 증축한 전원

1

2

3

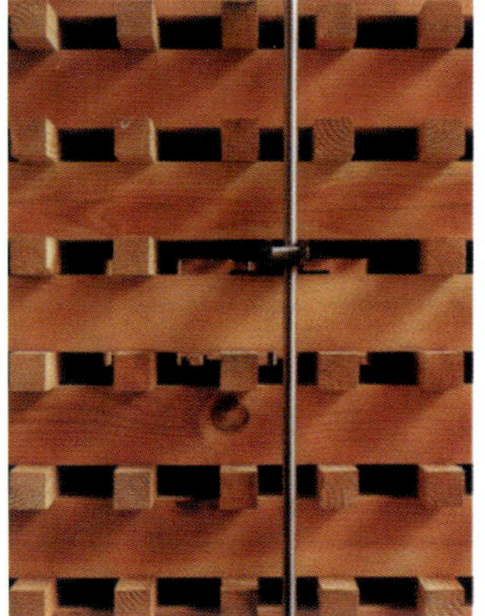

의 작은 붉은 집에 대한 자료를 조사했다. 증축 부분은 성공하고 있다고 생각했다. 맞배지붕 지붕 아래, 주택에 어떤 손이 가해졌는지를 간파할 수 있지만, 이것은 매우 잘 처리되어 있고 교묘하게 통합되어 있다. 그리고 개구부는 주의 깊게 설정되어 있었다. 낡은 부분과 새로운 부분이 어우러져 조화를 이루고 있다. 새로운 부분은 결코 "나는 새롭다"라고 주장하지 않으며, "나는 새로운 전체의 일부이다"라고 말한다. 눈이 휘둥그레지는 일이나 혁신적인 일 그리고 충격적인 일도 없다. 아마 이제 시대에 뒤떨어진 디자인 원리에 의한 설계일 것이다. 시대착오의 직공 기술에 주목한 어프로치. 우리는 이 개축 디자인에 상을 줄 수는 없다고 결론을 냈다. 건축으로서의 주장은 너무 소극적이었기 때문에다. 그러나, 이 작은 붉은 집을 생각해 볼 때, 나는 기분좋은 느낌을 갖는다.

5

목조 공법에 대한 책 안에서, 나는 광대한 수면 가득히 있는 원목 그림의 기법과 사진에 눈을 빼앗겼다. 표지의 사진도 인상적이며, 나무를 그린 긴 사진을 꼴라쥬로 단면도와 같이 배열한 것이었다. 무수한 목조 건축의 사진이 있으며 그것은 건축적으로도 뛰어난 것이었지만 나에게는 매력 없는 것처럼 보였다. 나는 목조주택을 만들지 않게 되고 나서 벌써 몇 년이나 지나 버렸다.

나는 이제 몇 년간이나 돌이나 콘크리트, 철, 유리로 건축을 하고 있지만 내가 목조로 아직 주택을 만들 수 있는지 젊은 동료가 물었다. 일순간, 주택 사이즈의 번뇌에서 벗어나 깨끗한 목재의 덩어리를 떠올렸다. 수목이라는 살아있는 물질로부터 이루어진 물체, 수평으로 적층하고 정밀하게 도려내어진 그런 덩어리를 말이다. 이런 집이라면, 형태도 변화한다. 팽창하거나 수축하거나 커지거나 줄어들거나. 디자인의 근본에, 그런 현상이 들어가게 될 것이다. 젊은 동료는 이러한 이야기를 그의 모국어인 스페인어로 말했지만 스페인어에서는 수목, 어머니, 재료와 같은 단어는 서로 닮아 있다. "마데이라", "마드레", "마데차리어"와 같이. 우리는 나무나 돌과 같은 근원적인 재료가 지니는 관능적인 특징이나 문화적 중요성 그리고 그것을 우리의 건물에 어떻게 표현할까 등에 대해 서로 이야기했다.

6

뉴욕. 센츄럴 파크 사우스. 1층 홀. 저녁 때. 내 앞에는, 빛나는 도시에 테두리를 친, 거대한 초록의 구형을 이루는 공원이 있었다. 위대한 도시는 위대하고 명쾌한 질서를 이룬 컨셉에 근거하고 있다고 나는 생각했다. 구형 패턴의 가로. 비스듬하게 달리는 브로드웨이. 반도의 선형 형태.
직각의 그리드에 집어넣을 수 있으며 하늘을 향해 성장하는 건물. 그것은 개인주의적이며 나르시스적인. 익명이며 경솔하고 그리드라고 하는 구속을 어떻게든 억누를 수 있다.

7

일찍이, 도시의 빌라 건물은 공원과 같은 부지에 파묻혀 있는 것처럼 보인다. 이 도시의 이 지구에서는 제2차 대전의 파괴를 면한 유일한 건물이었다. 이전에는 대사관으로서 사용되고 있었지만 현재는 재능 있는 건축가의 손으로 원형의 30% 정도의 면적이 증축되어 있다. 견고하게 자신에 넘친 증축 부분은 구관과 대등하게 세워져 있다. 한편은 그리스적 보고(寶庫)의 기초부에 스터코 칠된 외관. 이미 한편은 타설 콘크리트의 응축된 현대의 증축분으로 억제되어 정돈된 볼륨은 구관(舊館)을 은근히 시사하고 있지만 디자인상은 명확하게 거리를 유지하며 신구의 대화를 꾀하고 있다.

# 세인트 베네딕트 교회

나의 마을에 있는 고성을 생각하고 있었다. 몇 백년 사이에, 개조되어 증축을 거듭한 결과, 처음에는 독립된 건물의 집합이었던 것이 점차 코트 야드를 둘러싸는 연속된 복합체로 변화해 갔던 것이다.

그 발전의 각 단계에서, 항상 새로운 건축적 전체상이 그려졌다. 역사적 불일치가 건축 디자인의 테마는 아니었던 것이다. 낡은 것이 새로운 것에 맞출 수 있는지, 새로운 것이 낡은 것에 맞출 수 있는지 그 시점에서의 전체 통일이 꾀해졌다. 누군가가 벽의 구성을 분석하고 플라스터를 벗겨 연결고리를 조사하지 않는 한, 낡은 부분의 그 복잡한 상태를 밝혀내는 일은 없을 것이다.

7

## 8

전시관에 들어갔다. 또 다시, 기울어진 벽이나 바닥, 밝고 느슨하게 결합된 면, 처져있으며 기울어져 공중에 떠있는, 돌출하는 철물이나 로프. 구성은 직각을 부정하고 딱딱하지 않은 밸런스를 요구하고 있다. 운동을 상징하며 다이나믹 한 인상을 주는 건축. 그런 몸짓이나 보여주기 위한 과시적 공간으로 가득 차 있다. 나에게는 숨을 쉴 틈새도 없다. 곡선을 사용하여 건축이 가리키는 대로 진행될 수밖에 없다.

다음의 파빌리온에서는 브라질 출신 주인의, 느긋한 형태나 선이 광활한 공간에 우아하게 전개하고 있었다. 또 다시, 나는 사진의 광대한 방과 거대한 옥외 공간의 공허함에 흥미를 갖게되었다.

8

## 9

A가 말하는 것에 의하면, 대부분 이탈리아인 밖에 오지 않는 리조트인 틴크에 테트라 지방의 작은 해변가 (sea-side) 리조트 비치에서는 여성들 대부분이 문신을 한 것을 볼 수 있는 것 같다. 그녀들은 자신의 몸의 독자성을 강조해 문신으로 아이덴티티를 주장하고 있는 것이다. 그것은 유사품의 홍수에 매몰되어, 철학자는 가상의 리얼리티에 대해서만 생각하는 이 세계로부터 신체만이 유일한 도피장소라는 사실을 역설적으로 보여주는 것일까.

현대 미술의 대상이 된 인체. 지식을 탐구하는 조사나 발견. 또는 거울을 보고 다른 사람의 눈을 통해서 밖에 얻을 수 없는 자기 도취로서의 인체.

이번 가을, 내가 방문한 것은 프랑스 현대 건축 프로젝트의 전시회였다. 유리로 만들어지고 미묘한 커브를 그리면서 에지(edge)를 버린, 빛나는 오브제. 팽팽하고 우아한 오브제들이 기하학적 볼륨이 있는 부분에서 모퉁이를 삭제시키고 있다. 그 형태는 로댕의 누드 드로잉을 상기시키며 오브제에 조각적 특질을 부여하고 있다. 건축 모형. 모델. 아름다운 신체. 표면의 텍스쳐의 축제. 밀봉되어 무상한 표피가 신체를 감싼다.

## 10

낡은 호텔의 홀쭉한 복도가 유리로 나누어져 있었다. 아래쪽은 쌍 여닫이 문에 상부에는 유리가 설치되어 있었다. 테두리는 없으며 유리는 문의 코너부를 누르고 쇠장식으로 제지당하고 있다. 이것은 익명의 사람에 의해 만들어진 디자인으로, 건축가에 의해 디자인 된 것은 분명 아니지만 나는 이 문이 마음에 들었다. 그것은 2장의 유리가 자아내는 균형이나 누름 쇠장식의 생김새, 그리고 어슴푸레한 복도에 설치된 옛 유리 탓일까. 아니면, 상부의 유리가 그 아래 보통 높이의 유리문보다 높고, 복도의 천정고를 강조하고 있던 탓일까. 지금도 알지 못한다.

9

## 11

복잡한 건물의 사진을 여러 장 보았다. 여러 가지 공간, 면, 입체가 서로 오버랩 되어 기울어져 있거나 직립 해 있거나 아니면 상자와 같이 되어 있다. 이상한 외관으로부터 그 기능을 헤아리는 것은 나에게는 어려웠지만, 그 건물로부터 나는 너무도 설명할 수 없는 인상을 받았다. 어딘지 모르게 2차원적으로 생각되는 순간, 선명하게 도장된 카드 보드 모형의 사진을 보고 있는 착각이 들 정도였다. 후에 그 건축가의 이름을 알게 되어 나는 쇼크를 받았다. 잘 생각도 않고 앞당긴 결론을 내려 버렸던 것일까? 그 건축가는 국제적으로 명성이 있었고 훌륭한 건축 드로잉은 잘 알려져 있었다. 더욱이 그의 현대 건축에 대한 문장은 철학적 테마와도 관계되며 널리 출판되고 있었다.

## 12

맨하탄의 고급 주택지에 있는 도시 빌라는 확실히 준공 직후였다. 늘어서 있는 건물 속에서 새로운 외관은 우수했다. 사진 안에서, 자연석의 벽면은 유리에 둘러싸여 배경과 같이 보였지만 실제의 외관은 보다 일체감이 있어 주변과도 조화를 이루고 있었다. 공사의 질이 높은 것에는 눈이 휘둥그레졌다.

건축가는 우리를 마중 나와 입구에서부터 각 부분을 차례로 안내해 주었다. 모든 실이 널찍이 정리된 디자인이었다. 한쪽을 보면 다음이 보고 싶어지고 그곳을 가보면 거기에 또 만족하는 경험의 반복이었다. 뒤편의 화사드의 유리를 통하여 또한 계단 벽의 탑 라이트로부터 비집고 들어온 태양 빛의 질은 실로 기분 좋은 것이었다. 어떤 층에서도, 비록 건물의 중앙부에서조차도, 주요 실에 둘러싸인 친밀한 뒷마당을 느낄 수가 있었다.
건축가는 입주한 지 얼마 안 되는 거주자에 대해 경의와 친애의 정을 담아 말하기 시작했다. 그들이 건축가의 일을 얼마나 이해하고 있는지, 그가 그들의 요구 사항을 채우기 위해서 얼마나 고심했는지, 실용적이지 않는 점에 대한 그들의 비판과 그것을 얼마나 개선했는지 하는 점에 대해서

10

11

12

13

# 세인트 베네딕트 교회

말이다. 그는 식기장의 문을 열어 보거나 큰 차양 스크린을 내려 거실을 부드러운 빛으로 채워 보고, 소리 없이 매끄럽게 움직이고 정밀하게 꼭 닫힌 거대한 여닫이문을 실제로 움직여 보이기도 했다. 때때로 그는 소재의 표면에 손을 대거나 난간이나 나무의 연결고리나 유리의 에지(edge)에 손을 헛디디거나 했다.

13

내가 방문한 마을에는 실로 매력적인 장소가 있었다. 대로를 따라, 또는 광장을 둘러싸듯이 19세기부터 금세기 초두에 걸친 석조나 조적조의 볼륨들이 늘어서 있다. 특별히 디자인된 것이 없지만 전형적인 도시 경관. 길에 접한 저층부는 공공적인 용도를 전제로 하여 오피스를 배치하고, 개인적인 세계를 호화로운 표정이든

16

19

17

20

18

21

22

23

익명의 얼굴이든, 화사드 하단부 밑의 엄연한 경계선에서 시작되는 공공적인 공간과는 분명하고 명쾌한 구별을 하고 있다.

이 근처에는 몇 사람의 건축가가 살고 일했다는 것을 들은 적이 있다. 이러한 사실을 생각해 낸 것은 몇 일 후에, 유명한 건축가의 손으로 이루어진 이 마을의 확장 부분을 바라보고 있을 때인데, 도시 구성물의 전면과 배면의 엄연한 상위, 정밀하게 계산된 공공적인 광장, 억제된 외관이나 도시의 크기에 딱 맞은 볼륨감을 보고서 생각하게 되었다.

14

몇 년 동안 우리들은 석조 온천의 디자인 컨셉이나 형태 그리고 도면을 검토해 왔다. 그런 후, 건설이 개시되어 나는 최초의 몇 개의 블록에서 석공이 근처의 채석장에서 잘라 온 돌을 사용하는 것을 보고 있었다. 그때, 내가 느낀 것은 놀라움과 초조였다. 모두 계획대로 이루어지기는 했지만 그 딱딱함과 부드러움의 병존이 매끈매끈하면서도, 방형의 석재의 덩어리로부터 발산되는 것을 예기치 않았던 것이다. 일순간, 이 프로젝트는 우리의 손을 떠나 물질의 세계라는 그 자신의 법칙을 지니는 세계로 정착한 후, 자립해 버린 듯한 느낌이 들었을 정도이다.

15

〈구겐하임 미술관〉에 전시회를 보러 갔다. 전시를 하고 있는 예술가가 이용하는 테크닉은 놀라울 정도 다양하며 지속성이 있는 "스타일"이라고 부를 수 있는 것은 아무것도 없었다. 그런데도 나에게는 그 예술가 나름의 생각, 즉 그 나름의 세상의 견해, 그리고 재통합된 작품을 통한 세계와 관련되는 방법을 느낄 수가 있었다. 그러니까 유명한 모피로 만들어진 컵과 석탄의 파편으로 만들어진 것 사이의 관계를 운운하는 것은 아무런 의미도 없다. 여기서 그의 유명한 말을 정확하게 인용할 수 있으면 좋겠다. 아마도, 그는 "효과적이기 위해, 어떤 아이디어도 형태를 가져야만 한다"고 말한 것은 아닐까.

# 미나미아오야마 F 빌딩

## 南青山 F Building

토요 이토(Toyo Ito)의 〈미나미아오야마 F빌딩〉은 매우 작은 건물로 현재 주방용품 가구사 판매 및 전시장으로 사용되고 있다. 토요 이토의 작품은 현재 "미디어건축"에 집중되어 있는데, 건축의 "영상적" 특성을 작품에 반영하고 있다. 초기의 대표작인 〈바람의 알(風卵)〉과 〈요코하마풍의 탑〉은 현대 미디어 건축이 갖는 제 특성을 초기에 만들어낸 것으로 주로 가벼운 재료를 사용하면서 투명하고 밝은 특성을 나타내고 있다. 그는 말하길, 빛을 사용할 때 건축이 낮과 밤으로 표정이 바뀌는 것 혹은 빛이 실제 시간에 자연 현상과 함께 소음과 함께 움직이는 것을 표현하려 했다고 한다. 이러한 목적은 도시라는 대규모 사회 현상에서 급격하게 변하는 정보 및 자본의 이동 그리고 물류나 사람의 수송과 같은 스피디한 현상을 건축적으로 소화하여 표현하려는 것이 목적이라 할 수 있다. 그는 현대 일본의 소비사회, 새로운 도시 생활 안에서 모든 것이 소비되는 것이 아니라 거기에 있는 기술을 매개로 한 분위기를 어떻게 시각적으로 공간화 할 수 있는 가에 집중하고 있다. 그러한 측면에서 〈미나미아오야마 F빌딩〉은 비교적 작은 건축물이지만, 동경이라는 복잡한 도시 안에서 주변의 스피디하고 급변하는 자본의 이동 현상이 강하게 영향을 주는 대지에 위치하고 있다. 전면 모두 유리로 처리되어 있으며 빛으로 인해 투명성이 강조되고 있고 야간에는 인공 조명으로 인해 내부의 빛이 외부에 방사되고 있다. 토요 이토는 이 건물에서 하나의 스크린을 사용하고 있는데, 이는 전기적으로 투명, 불투명을 조절할 수 있는 액정 시트를 삽입한 유리로 만들어져있으며 이를 통해 외부와의 시각적 및 조명적 관계를 자체적으로 조정하고 있다. 이러한 건물의 분위기는 어떤 의미로는 일본적인 컨셉을 현대적 방식을 통해 제시한 것으로 현대 동경이라는 도시의 일본적 표현이라고 할 수 있다.

# Ito Toyo의 건축사고방식
## : 영상적 건축의 시도

이번 발표한 4개의 작품은 모두 "영상적"이라는 말로 포괄할 수 있다고 생각합니다. 실제로 영상을 포함한 건축은 비디오 프로젝트 모양으로 만든 〈바람의 알(風卵)〉 뿐입니다만, 이것은 〈요코하마풍의 탑〉의 경향을 이어받은 것입니다. 〈바람의 알(風卵)〉에서는 실제로 펀칭된 알루미늄 패널의 표면 등에 영상을 상영하기도 하고, 〈요코하마풍의 탑〉의 경우에는 영상은 아닙니다만 빛을 실제로 사용하면서, 건축이 낮과 밤으로 표정이 바뀌는 것을, 혹은 빛이 실제 시간에 자연현상과 함께, 혹은 소음과 아울러 움직이는 것을 표현하고 있는 것입니다. 〈日佛 문화 회관 현상설계안〉때에는 한 장의 스크린을 제안했습니다. 스크린은 전기적으로 투명, 불투명을 조절할 수 있는 액정 시트를 삽입한 유리로 만들어져있는데, 안개가 자욱하듯이 불투명하게 되기도 하고, 이후 그것이 개이면서 풍경이 드러나는 것과 같은, 어떤 의미로는 일본적인 컨셉을 제시한 것입니다. 이 프로젝트는 지금도 매우 마음에 들며, 액정 시트를 사용하지는 않았지만 이번 〈미나미아오야마(南青山) F 빌딩〉이라든지, 〈나카메구로 T빌딩〉에서도 이미 시도한바 있습니다.

JAL의 파리, 뉴욕 지점의 티켓 로비에서는 인테리어 디자인이기 때문에 건축적 제안은 이루어지지 않았습니다만, 〈日佛 문화 회관〉의 스크린과 같은 아이디어가 주류를 이루고 있습니다. 사실은 빌딩 내부에 한 장의 스크린을 세우고, 거기에 프로젝션을 하는 것과 같은, 건축의 시뮬레이션으로서의 인테리어를 만든 것입니다. 수 십대의 영상기를 사용한, 런던에서의 <비전즈 오브 저팬전(展)>은 그런 의미에서는 조작된 도시의 시뮬레이션이 됩니다. 몇 개의 전시회에서, 어느 정도 영상 투사기를 사용한 실험을 반복해 오고 있습니다만, 그 집대성이라 할만한, 말하자면 총 집대성이 런던의 인스톨레이션이라 해도 좋을 것입니다. 나타나다 사라지고

1

2

3

4

사라지다 나타나는 풍경, 여기에서는 모든 영상 혹은 풍경은 흐르고 있으며, 그것은 끊임없이 노이즈 안으로 사라져 갑니다. 또한, 흐름 속으로 용해되어 간다는 나의 건축적 이미지를 영상을 통해 체험할 수 있도록 시도한 것입니다. 물론, 실제로 영상을 사용하고 있습니다만, 그럼 이것이 "영상적 건축"인가라고 물으면, 그렇다고는 말할 수 없을 것입니다. 그것은 하나의 측면에 지나지 않습니다. 이미 한편에서는, 실제의 건축물로서 어떻게 이미지를 실체화 할 수 있는가 하는 것이 완전히 별개의 문제로 존재합니다. 영상은 당연히 실체가 없는 것이며, 반면 실체로서의 건축은 어떻게 만들것인가가 실체인 것은 변화가 없습니다. 한 번 만들어지면 그것은 요지부동이 됩니다. 그 모순되는 조건 중에서, 어디까지나 영상과 같은, 혹은 가상의 이미지를 건축에 포함할 수 있는가 하는 것이 과제가 됩니다.

실제의 건축에서, 영상적이라는 말을 좀 더 번역해 나가면, 투명 혹은 반투명, 혹은, 희박한, 존재감이 없는, 등과 같은 말로 옮겨놓을 수 있다고 생각하며 안개라든지, 아지랭이라든지, 신기루와 같은 자연현상의 이미지에도 연결되어 있다고 말할 수 있습니다.

〈야츠시로(八代) 시립 박물관〉 이후, 완성된 순서는 거꾸로 되었습니다만 〈나카메구로(中目黑) T빌딩〉이라든지, 이번 발표한 〈미나미아오야마(南靑山) F빌딩〉 혹은 〈日佛 문화 회관 현상설계안〉과 같은 프로젝트에서 표현하려 한 것은 그러한 말로 표현할 수 있는 이미지인 것입니다.

5

6

7

8

# 미나미아오야마 F 빌딩

건축이라는 어떤 하나의 영역, 그것은 분명히 정의할 수 있는 것이 아닙니다만, 건축에 종사하고 있는 사람들은 "이런 것은 건축이 아니다"라든지, "이것은 건축적인 건축이다"라는 표현을 사용하면서, 어디선가 건축과 그렇지 않은 것을 분리하고 있습니다. 그것은 저도 매우 동감하고 있습니다. 다만, 건축이라는 개념을 믿어 의심치 않고, 건축이라는 영역의 중심에서 건축을 만들고 있는 사람도 있겠지만, 나는 오히려 그 주변부에서, 어디까지 건축이 될 수 있을지 또는 어떻게 하면 건축이라는 씨름판에서 떨어져 나올지 생각합니다. 말하자면, 씨름판을 연구해 보거나, 혹은 약간 씨름판을 삐딱하게 보는 것에 흥미를 갖고 있습니다.

"영상적 건축"이라는 말은 아마도 건축이 될 것인가 아니면 그렇지 않을 것인가 하는 아슬아슬한 경계를 찾고 있는 곳으로 향하는 것이라 생각합니다. 아무리 지독할 정도의 소비적인 세계에서 만나도, 거기에 현재의 생활 에너지가 있다면, 그 에너지를 쌀쌀한 건축 안으로 집어넣어, 점잖은 표정을 제거한다든지, 혹은 씨름판 주변으로 비켜 놓을 것인지 하는 것이 테마라고 할 수 있습니다.

별도로 좋은 방법을 취하면, 지금의 소비사회가 만들어 내려 하고 있는, 우리가 일찍이 맛본 적이 없는 새로운 생활, 그것은 아직 잘 언어화되어 있지 않으며 동시에 일상생활화 되어 있지 않지만, 그 새로운 생활을 새로운 건축 안에 투입하지 않으면 건축은 재미있지 않다고 생각합니다.

새로운 도시 생활, 그것은 소비사회 안에 있으면서, 모두 소비되는 것이 아니라 거기에 있는 기술을 매개로 한 분위기를 어떻게 시각적으로 공간화 할 수 있는 것인가가 문제시됩니다. "생활"이라는 말이 좋은지 어떤지 모릅니다만, 뭔가 인간의 행위 변화에 대한 발견이 없으면 끝내 신선한 건축은 불가능하게 됩니다.

한 때의 모더니즘과는 또 다른, 새로운 생활 혁명이 이 도시에서는 벌써 시작되고 있는 것입니다. 종종 해외에서 강의를 할 때, 낮의 도쿄의 사진을 보여주고 이것은 뭐, 대형 쓰레기장과 같다고 말하는 반면, 밤의 사진을 보여주고는 이곳은 만화경 안에 있다고 말하곤 합니다. 바로 그 중간에 우리는 살고 있으

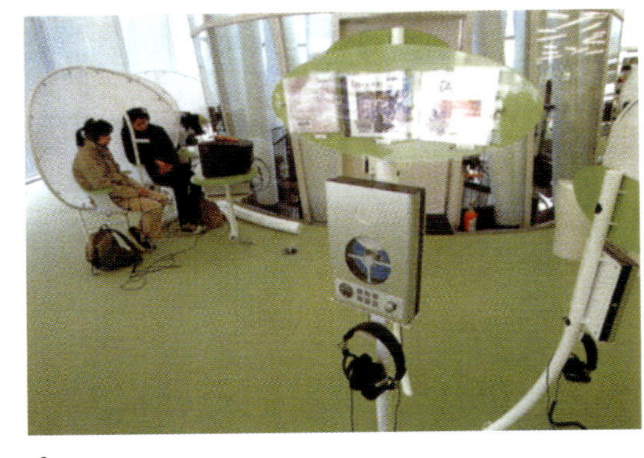

9

10

며, 양쪽 모두를 우리의 이미지 안에서 맞춤으로서, 우리는 상당히 충족된 기분이 되곤 합니다. 그러나, 실질적인 측면에서 볼 때, 그것은 이쪽과 저쪽을 왕복 운동하고 있는 것으로, 그 때문에 다양한 정신적 스트레스가 발생하고 있다고 생각합니다. 그것을 이미지로 거듭 맞추는 것이 아니라, 실체로서 거듭 맞추어야 한다고 생각합니다. 밤과 같은 낮을 만들어야 하고, 낮과 같은 밤을 만들어야 합니다. 거기에, 영상적 건축이라고 하는, 두 가지 모순되는 말을 하나로 통합하려는 건축관이 있는 것입니다.

새로운 생활을 발견하고, 새로운 프로그램의 제안은 발생하지 않습니다. 그리고, 그 새로운 프로그램의 제안이 없는 한, 신선한 건축은 불가능합니다. 아무리 해도 한계가 있습니다.

예를 들어, 집합주택을 지금 만들 때, 어느 지역을 매개해서 정주를 전제로 거기에 광장이라든가 몇 십년 정도 변함 없는 프로그램으로 설계가 이루어집니다. 그러나, 우리는 이미 지역을 매개로 한 커뮤니티 안에는 살고 있지 않습니다. 정신적으로는 모두 정주를 벗어나고 싶다고 생각하고 있습니다. 거기에 오늘의 공공적인 스페이스의 모순이 있습니다. 정말로 그 광장에서 무엇을 할 것인가 하는 것, 그것은 상당히 애매합니다. 그래도 광장이 필요할 것인가. 물론 공적인 공간은 필요하겠지만, 많은 사람들이 모이고 싶어하는 요인을 발견하지 않으면 안됩니다. 실제로 만들어져 있는 공공 시설, 거주 관련 시설에서 느껴지는 쌀쌀함은 그 지역의 공동체를 근거로 만들어져 있는 건축과 현대의 생활과의 차이에서 생겨나는 것이며, 그것을 조금씩 비켜 놓아 가는 노력을 하지 않으면 도시는 활성화되지 않을 것으로 생각합니다.

내가 관심을 갖고 있는 것은, 우리가 지금 현재, 시간, 거리 혹은 장소라고 하는 제약을 피해 살고 있다는 사실과 건축이라는 땅에 뿌리를 내리는 것 사이에 있는 모순을 어떻게 해결할 수 있는가 하는 것입니다. 서로 모순되면서도 점차 발생하는 현상과 건축을 새로운 프로그램의 제안에 의해 연결시키고 현상적 건축, 영상적 건축을 만드는 것이 당면한 목표가 될 것입니다.

12

13

14

15    16

# 南靑山 F Building

## 미나토구 미나미아오야마(港區南靑山) 4-17-2, Tokyo, Japan, Toyo Ito

작품설명

**| 디자인 컨셉 |**

토요 이토의 〈미나미아오야마 F빌딩〉은 매우 작은 건물로 현재 주방용품 가구사 판매 및 전시장으로 사용되고 있다. 토요 이토의 작품은 현재 "미디어건축"에 집중되어 있는데, 건축의 "영상적" 특성을 작품에 반영하고 있다. 초기의 대표작인 〈바람의 알(風卵)〉과 〈요코하마풍의 탑〉은 현대 미디어 건축이 갖는 제 특성을 초기에 만들어낸 것으로 주로 가벼운 재료를 사용하면서 투명하고 밝은 특성을 나타내고 있다. 그는 말하길, 빛을 사용할 때 건축이 낮과 밤으로 표정이 바뀌는 것 혹은 빛이 실제 시간에 자연현상과 함께 소음과 함께 움직이는 것을 표현하려 했다고 한다. 이러한 목적은 도시라는 대규모 사회 현상에서 급격하게 변하는 정보 및 자본의 이동 그리고 물류나 사람의 수송과 같은 스피디한 현상을 건축적으로 소화하여 표현하려는 것이 목적이라 할 수 있다. 그는 현대 일본의 소비사회, 새로운 도시 생활 안에서 모든 것이 소비되는 것이 아니라 거기에 있는 기술을 매개로 한 분위기를 어떻게 시각적으로 공간화 할 수 있는 가에 집중하고 있다.

그러한 측면에서 〈미나미아오야마 F빌딩〉은 비교적 작은 건축물이지만, 동경이라는 복잡한 도시 안에서 주변의 스피디하고 급변하는 자본의 이동 현상이 강하게 영향을 주는 대지에 위치하고 있다. 전면 모두 유리로 처리되어 있으며 빛으로 인해 투명성이 강조되고 있고 야간에는 인공 조명으로 인해 내부의 빛이 외부에 방사되고 있다.

토요 이토는 이 건물에서 하나의 스크린을 사용하고 있는데, 이는 전기적으로 투명, 불투명을 조절할 수 있는 액정 시트를 삽입한 유리로 만들어져있으며 이를 통해 외부와의 시각적 및 조명적 관계를 자체적으로 조정하고 있다. 이러한 건물의 분위기는 어떤 의미로는 일본적인 컨셉을 현대적 방식을 통해 제시한 것으로 현대 동경이라는 도시의 일본적 표현이라고 할 수 있다.

| 프로그램 |

건물의 프로그램은 매우 단순하며, 총 2층으로 구성된 것이 전부이다. 건물의 외관은 사각의 정방형으로 이루어져 있으며 외관은 모두 유리로 처리된 것이 특징이기도 하다. 1층에는 전시장 및 판매장이 설치되어 있고 2층은 사무실을 비롯한 유사한 용도로 이루어져 있다.

| 동선순환체계 |

외부에서의 접근은 동쪽에 마련된 입구를 통해 단순하게 이루어지며 내부에서는 내부 계단을 통해 상층으로 이동한다.

| 구조 시스템 |

전체적인 구조는 철골 구조를 사용하였으며, 외부 마감은 투명 불투명을 조절할 수 있는 유리로 처리되어 있다. 이를 통해, 외부에서는 단순한 유리박스로 보이게 되며 내부에서는 외부의 다양한 광경을 자유롭게 느낄 수 있는 구조로 처리되어 있다.

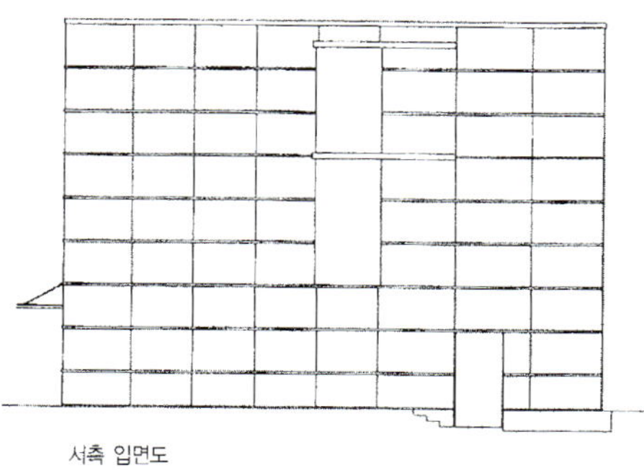

서측 입면도

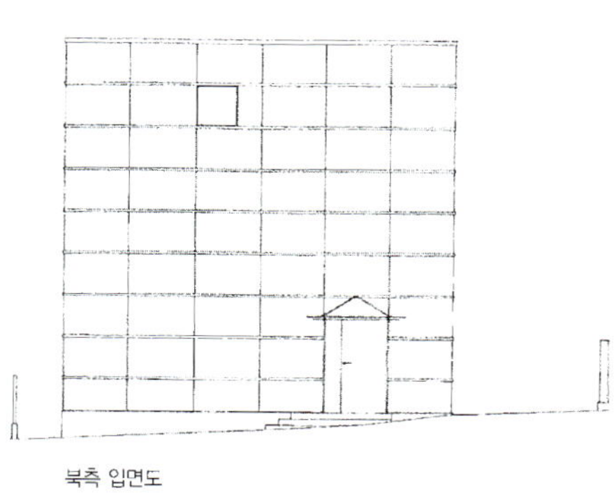

북측 입면도

일본의 현대 전위파 건축가 중 한사람인 다카마쯔 신(Shin Takamatsu)은 세기말적 분위기에 휩싸인 차가운 메탈식 도시 건축을 제안함으로서 당시 일본에 획기적인 건축적 흐름을 만들어낸 건축가이다. 그 역시 1980년대 노출 콘크리트를 가장 많이 건물에 사용하기는 했지만 전체적인 이미지는 메탈릭 하고 날카로우며 선정적인 것으로 기억되고 있다. 여기에 소개하는 〈오리진 Ⅲ〉건물은 기존의 같은 건축가에게게서 의뢰 받은 연작(連作)으로 작업장, 갤러리, 살롱 등으로 계획되었다. 그의 연필 색의 모노 톤의 작품 스케치에서 볼 수 있는 바와 같이, 건물은 매우 섬세하고 정밀하게 처리되었으며, 마치 달리는 기관차를 연상할 정도로 생동감 있게 표현되어 있다. 이러한 스케치 기법은 일종의 이데올로기적인 표현 방식과도 통하는데, 시대나 사회를 보는 건축가의 예리한 감각과 생각을 표현해 내고 있는 것이다. 스케치와 실제 건물과의 관계는 매우 동일한 정밀도를 자랑하며 건물이 완성된 후 스케치가 이루어진 것임을 짐작케 한다.

1990년대 한때 일본에서는 광택있는 스틸제를 외관에 사용하여 패션화 된 건축 또는 세기말의 우울하면서도 디스토피아적인 분위기를 자아내기 위한 디자인이 유행하기도 했는데, 다카마츠 신의 건물이 이것들과 구분되는 것은 무광택의 재료를 사용하고 있다는 점일 것이다. 특히, 그가 무광택의 재료로 노출 콘크리트를 사용하고 있다는 점은 안도와 같은 건축가와 구분되는 점이기도 하다. 안도가 노출 콘크리트를 기하학적이고 조형적으로 사용한다면, 다카마츠의 콘크리트는 무채색의 무광택을 위한 재료적 선택일 뿐이라는 것이 크게 다르다. 콘크리트는 금속성 재료와 함께 사용되며 채색된 금속 재료를 강조하기 위한 수단으로 채택되고 있다.

교토라는 도시는 고대 일본의 대표적인 수도로서 고전적이고 전통성이 강한 보수적인 분위기를 자랑한다. 이곳에서 주로 활동하는 다카마츠는 이러한 도시적 분위기를 일신시키고 도시에 활력을 불어넣으며 도시의 발전의 미래를 비관하기 위한 방법으로 금속성 재료의 채색된 디테일을 사용하고 있는 것이다. 그의 연작 〈오리진 Ⅰ, Ⅱ, Ⅲ〉는 다른 여타 작품들과 함께 고도(古都) 교토에서 아직도 작품으로서의 생명력을 누리고 있다.

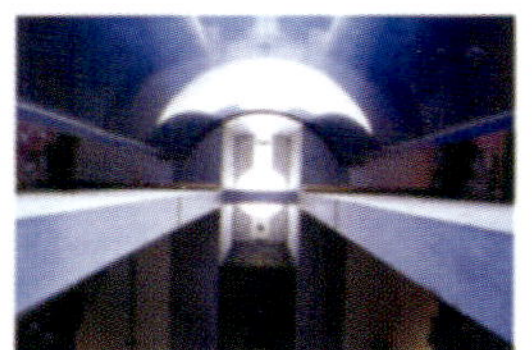

# Takamatsu Shin의 건축사고방식
## : 시공의 CT 스캔

우에다 마사하루(植田正治)의 사진은 시간을 각인하고 있다. 그것은 볼 수 없는 시간은 아니다. 또렷이 간파할 수 있는 시간, 시각이 촉각의 기능을 회복함으로서, 눈에 닿는 것조차 가능하다고 말할 수 있을 듯한 시간이 거기에는 존재한다. 그것은 결코 가혹한 경험은 아니다. 그것은 뭔가 매우 상냥하고 그리운 순진한 경험이다. 그럼에도 불구하고, 거기에는 미소짓는 광석(鑛石)과 같은 불안이 잠복하고 있다. 그 불온한 상냥함을 참기 힘들어, 사람들은 그 미소짓는 돌에 이름을 부여한다. 어느 때는 "일순간"으로, 어느 때는 "영원"이라고 한다.

"우에다 마사하루(植田正治)의 작품을 특징짓는 것은 첫 번째로 "영속성", 그리고 "비시간성"에의 의지이다. 어느 프랑스의 전기(傳記)에 의하면, 그는 고의로 "모드나 스타일로부터 멀리 떠나 사는" 일을 선택했다고 한다. 모드(mode)에 관해서는 확실하다. 그러나 스타일에 대해서는 의심스럽다. 왜냐하면, 그는 고유한 스타일을 만들어 냈다고 이야기되고 있기 때문이다. 그 특징, 즉 과대한 표현의 부재, 눈을 끄는 솔직함, 커다란 간결성에 의해 나타나는 이 스타일은 시간이 지나 얼어붙은 오브제의 흔적을 그의 이미지에 가져온다. (알렌 사약크) 그럼에도 불구하고, 역시 스타일은 중요하지 않다. 그의 사진 이미지는 시간이라고 하는 모드에 깊게 관여하고 있다. 여하튼, 그의 손가락 끝의 그저 몇 안 되는 움직임이 빛 안에 조각되기 시작하는 시간은 "일순간" 또는 "영원"이 아니다. 삶이나 죽음, 사랑이나 기억조차도 무관하다. 당돌하지만, 마그리트를 생각해 보자.

> …마그릿트의 타블로우에 넘친 이상하게 태평한 인상은, 감히 말하면, 시간이 정확히 정지하고 모든 물체가 물체 동지(物體同志)의 친한 유기적인 관련성을 상실하고 의미 있으며 살아있는 자연이 무의미하고 뿔뿔이 흩어진 자연으로 화(化)하는 일순간의, 거의 영원의 그것과 닮은, 무서운 고요함의 인상이다. 예를 들어, 세계의 끝 날에도 평상시와 조금도 다르지 않다. 그렇게 상쾌한 푸른 하늘에, 상당히 흰 구름이 흘러가고 있을지도 모른다고 우리들은 생각해 버린다. 그런 영원의 푸른 하늘이나 흰 구름을, 마그릿트는 기꺼이 그리고 있는 것이다. 더욱이 영원의 푸른 하늘은 확실히 세계의 끝 날이지만, 그 때문에 일순간 사라질지도 모르는 허무를 나타내고 있는 것이다.
>
> 澁澤龍彦著 「환상의 복도로부터」

그렇게, 마그릿트의 영원의 일순간과 닮은 우에다(植田正治)의 시간은, 그러나 고독하거나 허무한 것이 아니다. 원래, 그러한 고립된 심상 풍경이 그려지는 아름다운 추상적인 지평에 있어 운행하는 시간과 우에다의 시간은 평행하지 않다. 사진이라고 하는 매체 주위의 물리적인 해석에 의해 근엄하기까지 노광(露光)하는 시간이라고 말하기 보다 시간의 차원, 혹은 시간의 단면이라고도 부를 수 있지 않을까. 우에다(植田正治)의 사진은 원래 층상으로 구성되는 시간의 슬라이스, 말하자면 시간의 CT 스캔이다. 뇌의 우아하며 신성한 활동이 결코 충분히 신뢰받을 정도로 유기적으로 연속적인 것이 아닌 것을, 단 1매의 흑백 필름이 남기는 곳 없이 드러내듯이, 우에다(植田正治)의 단층촬영은 생성되는 사상이나 풍경의 불연속성, 즉 시간의 불연속성 그 자

**5**

**6**

체를 그 축으로 직교하는 평면으로 분광한 후 정착한다. 깊은 것도 아니고 얕은 것도 아닌, 먼 것도 아니고 가까운 것도 아니다. 그런 우에다(植田正治)의 해상 세계에서 우리는 대체로 스스로의 시(時) 촉각을 최대한 동원하는 것을 재촉 당하게 된다. 그런 후, 적층되는 시간의 절편, 시간의 퇴적에 점차 접하게된다. 거기에는 모래와 같은 시간이 흘러내려 쌓이고 있다. 아마 우에다(植田正治)의 사구(砂丘)에의 편집(偏執)은, 그 점에 있어 의미가 있다.

그런데, 그 시간의 스캐너 우에다 마사하루(植田正治)의 사진을 전시하는 미술관의 설계 과정에서, 일찍이 나는 이와 같이 기록한 일이 있다. "때때로, 프로그램의 도식이 전부 그대로 시(詩)를 말하는 경우가 있다. 물론 그 역의 경우도 있다. 어떤 수식이 그것이 아름다울 뿐, 미리 완전한 해(解)를 보증하고 있는 듯한 경우이다. 어쨌든, 거기에는 일종의 문학적인 비약이 있다. 그러나 이 경우, 그 심미적인 비약은, 논리의 확정이라 불리는 것과는 일절 무관하다. 거기가 중요하다. 때로는 이러한 모순이 없는 비약에 의해 건축이 탄생한다. 그 운동이 건축이라고 하는 창작물의 창작 과정에 있어 매우 흥미롭기도 하다. 과연 시라고 부를 수 있을지 어떨지는 별도로, 이 건축도 그러한 신비적인 비약을 경험하고 있다. 프로그램과 도형, 도형과 건축에, 마치 하나의 단순한 항등식과 같은 회화(晞和)가 없다. 재차 반복하게 되지만, 모든 합리성은 도약을 내포하고 있다. 즉, 그것은 실로 굉장한 열개(裂開)를 내포하고 있다는 것이다. 어떤 종류의 시나 수식이 아름다운 이유는 그러한 점에 있다. 그것을 잊지 않고 있는 한, 이러한 건축적 폭동에도 희망은 있다."(〈JALibrary 1 타카마츠 신〉)

이렇게 말해도 된다면, 건축은 논리의 장려한 자가당착이다. 그것은 엄연한 열개(裂開)의 유착이다. 즉, 논리라는 환상의 단면이며, 그러한 의미에서 건축도 또한, 일종의 CT 스캔 그 자체이다. 그것에 이유가 있다. 그리고 아마, 그 한 점에 있어, 이 건축과 우에다의 단층 사진은 조용히 교차한다. 시간과 논리가 직교하는 것이다. 거기에서만 공간이라는 사상이 형성되는 것은 이제 와서 말할 필요도 없다. 생각해 보면, 세상에서 말하는 미술관의 기능은 시간의 발생됨을 공간에 의해 열심히 개선하는 것을 그 첫 번째로 삼는다. 실로 짓궂

**7**

# 오리진 Ⅲ

은 이야기이지만, 이 미술관도 그 본의(本意)의 우회의 끝에 겨우 도달하고 있다.
우에다의 걸작으로 〈소녀4태(少女四態)〉(1939)라는 것이 있다. 그것은 내가 가장 좋아하는 작품이다.
사람들은 이 사진이 설계의 모티프는 아닐까 하고 생각한다. 뭔가 이해하지 못할 정도의 공통성을
지닌다고 짐작이 가는 것은 이 미술관이 완성된 직후였지만, 현재 나는 그 시(詩)적인 지적을 억지로
부정할 생각은 없다.

8  10

9  11

12

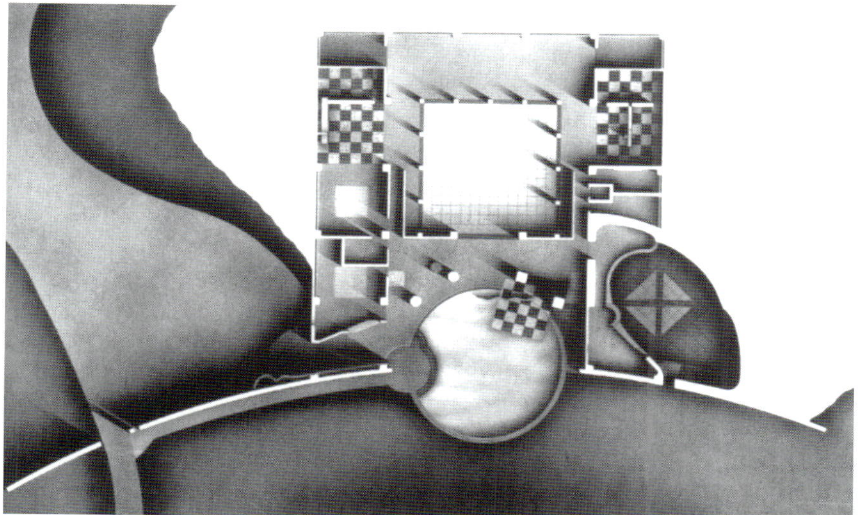

14

13

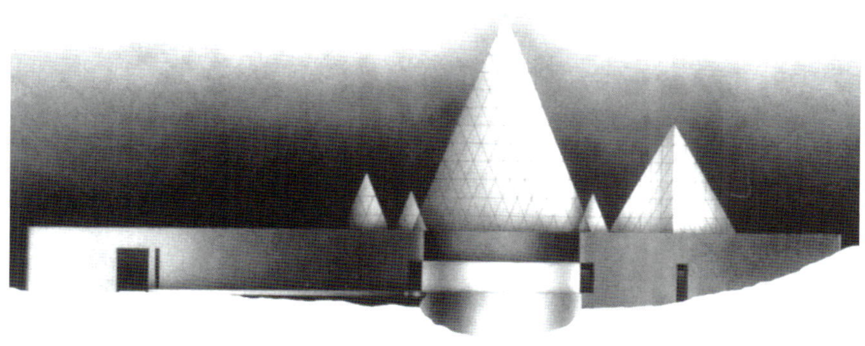

15

16

남측 입면도

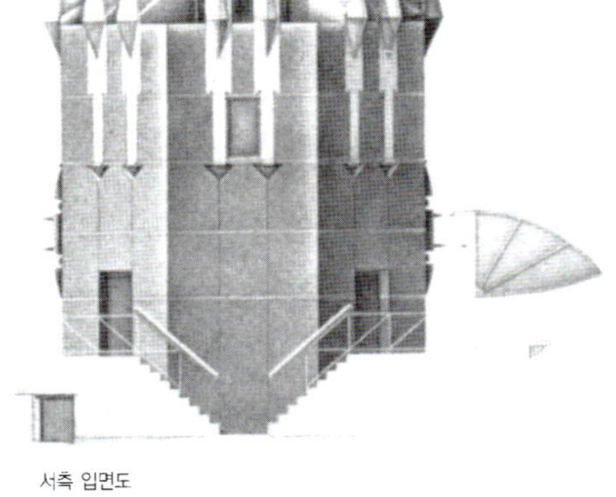

서측 입면도

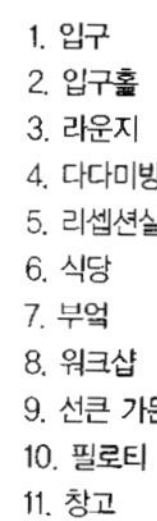

1. 입구
2. 입구홀
3. 라운지
4. 다다미방
5. 리셉션실
6. 식당
7. 부엌
8. 워크샵
9. 선큰 가든
10. 필로티
11. 창고

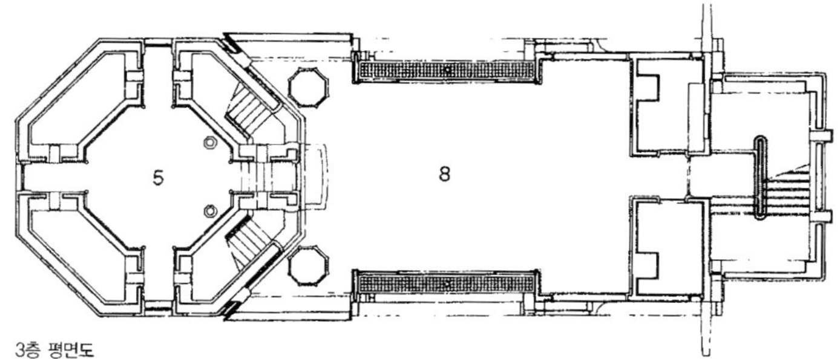

3층 평면도

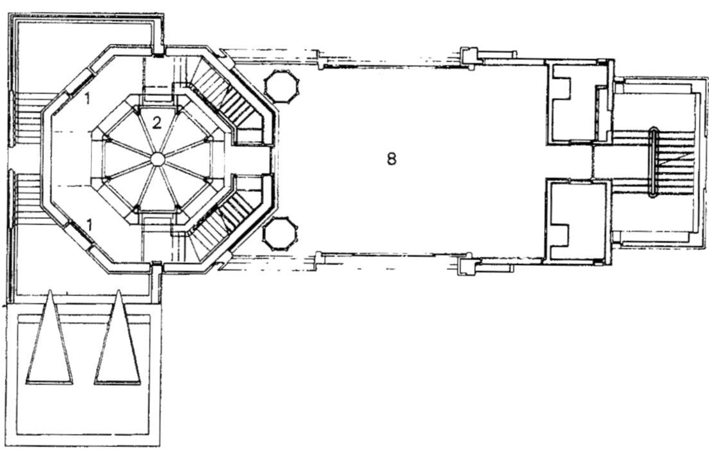

2층 평면도

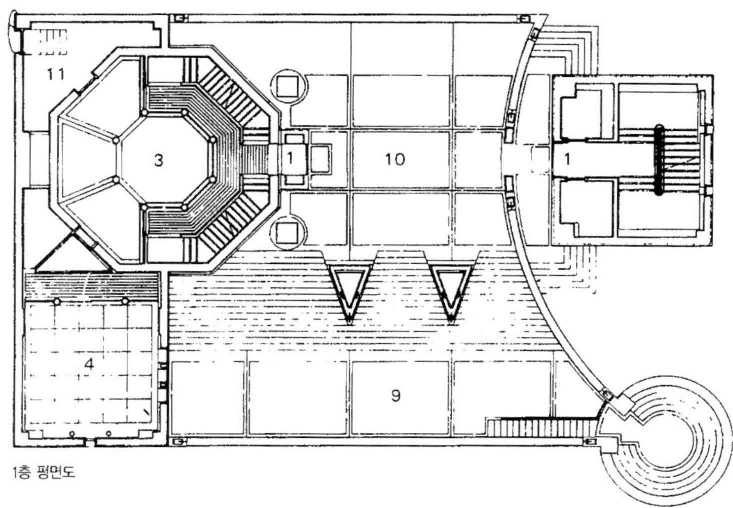

1층 평면도

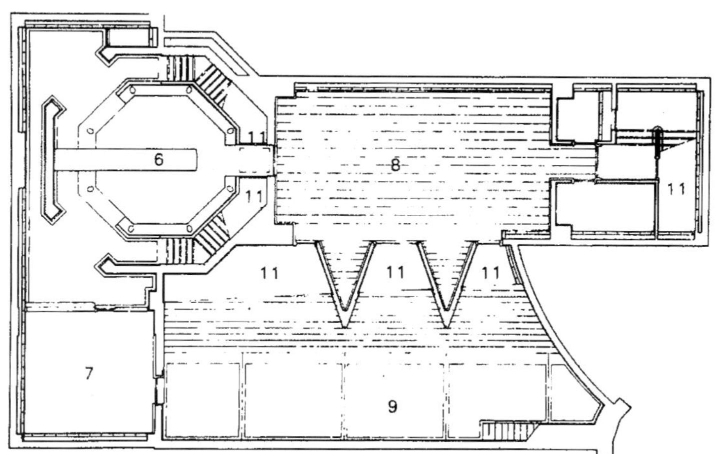

지하층 평면도

# 올드/뉴 레스토랑
## Old/New Restaurant

안도 타다오(Tadao Ando)의 상업건축 중 비교적 초기에 해당하는 이 작품은 고베시 고베 대학으로 오르는 언덕 경사면에 위치하고 있다. 레스토랑이 있는 이 지역은 고베 대학과 함께 〈로코 하우징 1,2,3〉이 주변에 건축되어 있어 안도의 건축을 답사하는 많은 이들이 찾고 있는 곳이기도 하다. 올드/뉴 레스토랑은 외부에서 보았을 때, 외벽이 자갈로 마감되어 있어 안도의 전형적인 노출 콘크리트와는 거리가 있어 보이지만, 측면에서 건물을 바라 볼 경우, 노출된 벽면을 확인할 수 있는 작품이다.

주변의 지역 특성상 산 구릉의 경사지가 대부분이어서 건축이 쉽지 않은 측면이 있지만, 안도 특유의 매스 처리와 공간적 처리는 오히려 이러한 악 조건을 건축적 디자인의 기회로 삼고 있는 것이다. 이 건물의 경우 악한 경사지 구릉을 올라타고 있기는 하지만, 건물 안으로 들어가면, 외부에서 느낄 수 있는 경사는 거의 의식할 수 없다. 레스토랑은 두 부분으로 나누어져 있는데 입구를 들어가서 왼편으로는 식사를 할 수 있는 레스토랑이 위치하고 있으며, 오른편은 술이나 음료를 마실 수 있는 경식당으로 처리되어 있다. 경식당의 경우 2층에 마련되어 있는데, 브리지를 통해 레스토랑을 가로질러 갈 수 있도록 처리되어 있다. 외부에 심어져 있는 나무는 건물이 지어지기 전에 이미 존재했던 것으로 안도는 이를 보존하면서 건축물을 디자인했다고 한다. 안도 타다오의 건축 공간 개념은 실내에서 빛의 처리로 유명한데, 이 레스토랑에서 빛의 유희는 그다지 강하지 않은 반면 층고의 차이와 외부 공간과의 연관성을 통해 다양한 시각의 경험을 즐길 수 있도록 처리되었다. 특히, 외부공간의 내부로의 침투 방식을 통해 실내에서의 투명성을 확보할 수 있으며, 외부에서는 딱딱한 콘크리트 건물로 둘러싸인 느낌을 주지만 그러한 경직성을 내부에서는 타파하는 효과를 나타내고 있다.

# Tadao Ando의 건축개념의 특징

일본이라는 나라에서 "공간"은 건축가의 명백한 관심이 되어 오지 않았다 이 나라의 건축적 전통 안에서, 홀로 안도 타다오만이 모더니스트들이 스스로 획득해 온 새로운 감성을 한층 더욱 고쳐 쓰려 하고 있다. 그의 목적은 동양과 서양이라고 하는 두 개의 양태를, "외관상 안정된 대립을 넘어 서로 영향을 주는 새로운 장소"로 이끄는 것에 있었다. 다른 일본의 건축가와 같이, 안도는 현실과 허구 사이의 이분법을 환기해 왔다. 그는 말하길, "나는 현실 세계의 중심에 허구를 집어넣고 싶다. 비 일상적인 현실의 공간을 일상적인 허구의 공간으로 만드는 것"이라고 그는 말한다.

안도에게 있어, 건축은 사회적 도전 방법이라고 생각하는 것 같다. 안도에게 있어 일본의 전통 안에서 서양의 공간에 가장 유사한 "마(間)"야 말로 가장 거친 충돌의 장소이며, 특히 〈스미요시 연립 주택〉(오사카 1976)에서 구체화되었다. 그것은 공격적 반성이라고 부를 수 있다. 작품 사진을 보았을 때, 느낄 수 있는 풍류를 모름으로서 폭력적인 인상이 실물 이전에 모두 해소되는 것은 계산된 빛의 효과이기 때문이다. 안도의 작품은 부지와 추상적인 관계를 묶어 줌으로서, 은유와는 일체 관계없다. 그 점은 마키 후미히코와 같다. 그것이 안도가 해외에서 경이적인 인기를 획득한 이유가 되었으며, 1970년대부터 융성한 어패럴 업계의 창설자들이 그에게 기꺼이 일을 주었던 이유이기도 하다. 그러나, 〈유리 블록의 집〉(오사카 1978)과 같은 뛰어난 작품이나 강가의 미묘한 교감을 테마로 한 〈TIME' S〉(쿄토 1984년, 1992년 증축)의 시대는 이미 과거의 것이다. 지금 안도의 명성은 공공의 영역(1950년대 이후의 알토나 사리넨의 뉴 모뉴멘타리즘을 생각게 한다)에서 발휘되고 있다.

1994년, 오사카에 완성된 2개의 미술관은 일찍이 마음에 그린 충돌이나 대립을 재차 거대 스케일 안에 되돌린 것이라고 할 수 있다. 〈아스카 박물관〉은 그 지역의 고분군의 존재와 호응하기 위해, 지형을 이용한 계단상의 테라스를 명상의 장소로 만들며, 텐보잔(天保山)의 〈산토리 박물관〉의 역 원추형은 켐브리지 세븐에 의한 노골적인 "메이드 인 USA"형 수족관과 대조를 보이고 있다.

3

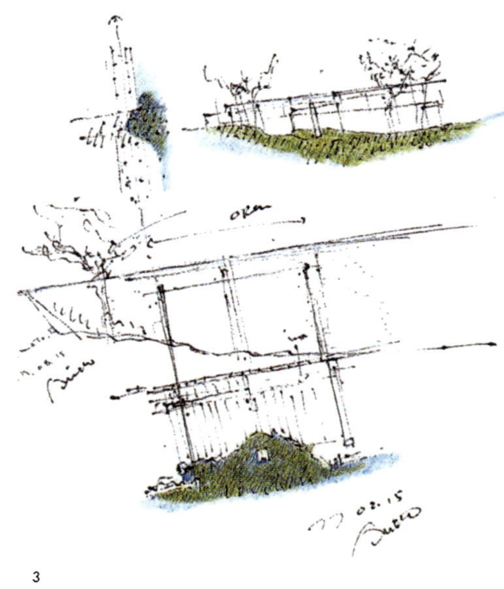

1

2

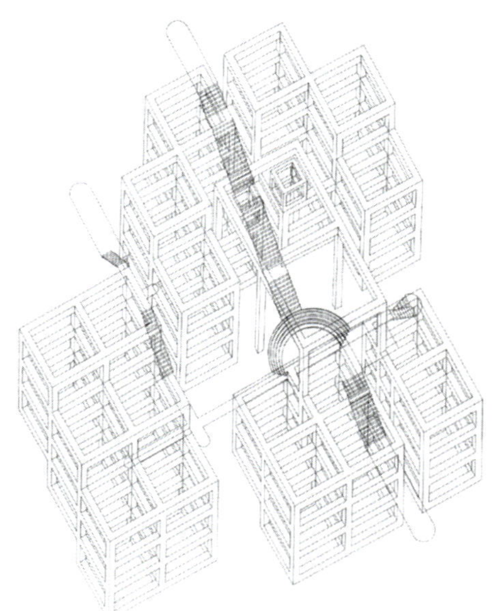

4

# Tadao Ando의 건축 어록(語錄)
## : 장소성과 콘텍스트에 대해

### 콘텍스트(Context)

건축과 콘텍스트의 관계를 생각할 때, 최초의 콘텍스트의 독해(讀解)가 모든 것을 좌우한다고 생각할 수 있다. 즉, 콘텍스트를 어떻게 읽을 것인가에 의해 최종적인 결과가 매우 달라지게 된다. 그러나, 그 독해라고 하는 것은 건축가의 개인적인 능력과 지향(志向)에 크게 관여된다고 생각한다. 따라서, 1,000명의 건축가에는 1,000개의 콘텍스트가 존재하고 동일한 의미를 갖는 콘텍스트는 있을 수 없을 것이다. 건축에 있어서의 콘텍스트란 생명체가 실물로부터 섭취하는 영양소가 형태를 바꾸면서 신체를 형성해 가는 것과 마찬가지로 콘텍스트도 또한 건축을 구성하는 요소가 된다. 그러할 때, 콘텍스트는 건축의 소화기관 안에서 거의 승화된 후에 건축의 육체가 되는 것이다. 콘텍스츄얼리즘은 콘텍스트에 동화(同和) 또는 예속된 형태로 건축을 구성하려 하고 있는 것으로 생각해서는 안 된다. 콘텍스트란 주로 역사적인 형태를 말하는데 지나지 않는다고 생각되는 것 같다. 여기에는 역사적 형태를 실제 그대로 인용하는 것에서 충족시키려고 하는 것이 건축과 콘텍스트를 둘러싼 문제의 단 하나의 해답이라고 하는 오해가 있기 때문이다. 콘텍스트라는 것이 역사적 형태의 유래에 불과하고 콘텍스츄얼리즘이란 실제 그대로의 인용, 바로 그것이라면 건축이라는 작업은 얼마나 간단히 환원될 것인가. 그리고 그러할 경우 콘텍스츄얼리즘은 건축가가 콘텍스트를 무시한 계획을 행하고 있지 않다는 편의적인 면죄부마저도 얕잡아보고 말 것이다. 어떤 것을 만들어 낸다는 작업이 과거문화의 총체의 인용에 그 기원을 갖는다는 의견에는 반대할 의사는 없지만, 그러나 그 경우 인용 소스(source)는 완전히 승화되어 최소한 건축 그 육체가 되어 있을 필요가 있을 것이다. 바꾸어 말하면, 건축으로 결실을 보았을 때 콘텍스트는 잠재적으로 〈눈에 보이지 않는 것〉이 되어 있지 않으면 안 된다는 것이다.

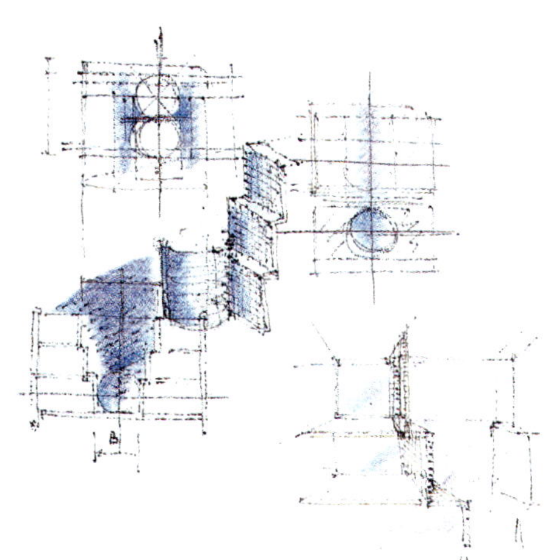

5

6

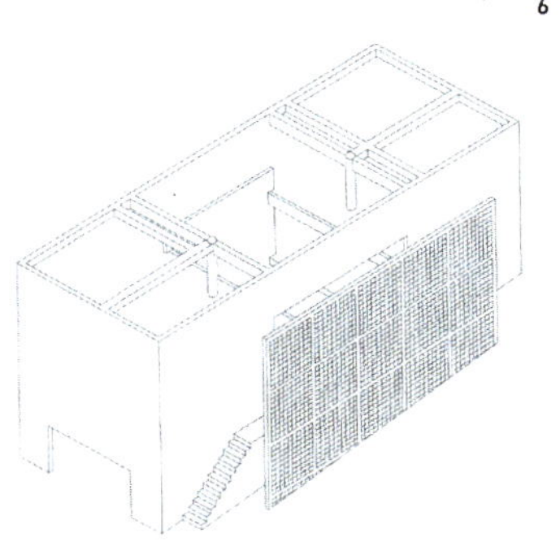

7    8

원래 일본에는 〈눈에 보이는 것〉으로서의 콘텍스트는 없었을 것이다. 옛날부터 전승되어온 화전서(花書)등의 오의서(奧義書)(학문이나 무술의 매우 깊은 뜻을 적은 것)도 그것이 말하려고 하는 것은 결국 '형태'가 아니라 '마음(心)'이었던 것도 그 결과일 것이다. 일본에 있어서 '예(藝)'라는 것은 아마 표면으로 나타나는 유형물(有形物)이 아니라 속에 감추어진 무형물(無形物)을 숭상하는 경향이 있었다고 할 수 있다.

모든 '예(藝)'는 최고의 도달점으로서 '마음' 가짐과 자세를 궁극의 목표로 했던 것이다. 일본인은 사람에서 사람으로 사물에서 사물로 이어 가는 마음속에 문화의 총체 즉, 콘텍스트가 있다고 생각하고 있었던 것 같다. 그것을 바꿔 말하면 〈눈에 보이지 않는 것〉을 콘텍스트로서 이어 받는다는 것일 것이다. 그러나 서구문화 속에는 형태가 스스로를 강하게 나타난다. 마치 겉으로 나타나는 것만이 의미를 갖는다는 것처럼, 그것은 필연적으로 시각의 우월이라는 경향에 빠지기 쉽다. 오늘날 포스트모던이라고 칭하는 대부분의 건축은 그러한 서구적인 초월적 시각이라는 병의 말기증상처럼 보인다. 역사적 형태만이, 바꾸어 말해, 〈눈에 보이는 것〉만이 건축의 콘텍스트가 될 자격을 갖고 있지는 않을 것이다. 콘텍스트란 문화적 총체의 별칭이라고 한다면 〈눈에 보이지 않는 것〉, 예를 들면 일본인이 긴 세월을 통해 길러낸 자연관이나 감수성(感受性)도 또한 우리들의 시야 속에 넣어 두지 않으면 안 될 것이다. 혹은, 그러한 〈눈에 보이지 않는 것〉이야말로 콘텍스츄얼리즘이라는 말이 내포하는 의미로서의 분야에 커다란 부분을 차지할 지도 모른다."

## 장 소 성 ( 場 所 性 )

오사까(大阪)에서 명소(名所)가 없어져 버린 지 오래다. 이렇게 생각하는 것은 나뿐인가. 젊었을 때 잘 걸어 다녔던 마쯔다께자(松竹座)와 문라꾸자(文樂座)등 소위 고자(五座)라고 불리웠던 건물이 늘어선 도톤보리(道頓堀)근처의 번잡함은 아직도 눈에 선하다.

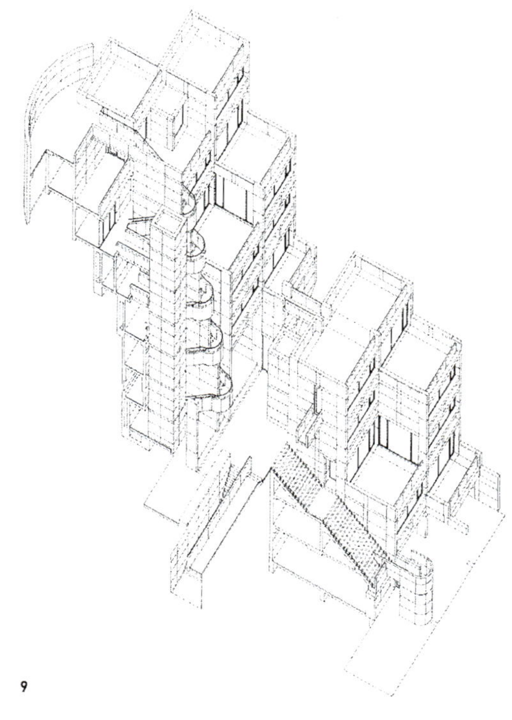

9

11

12

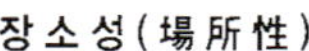

10

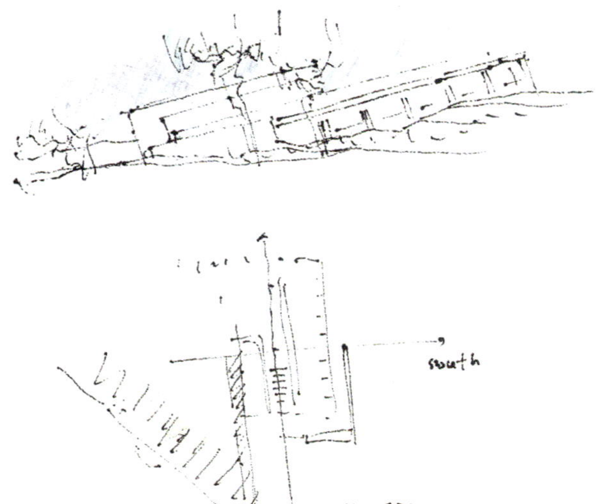

13

사람들의 기억 속에 계속 유지되어 온 것이 차차 사라져간다. 새로운 것이 생겨나고 있지만, 그것들이 마음속에 깊이 새겨져 가고 있는지는 나에게 있어 의문이다. 오늘날 도시계획은 경제가 우선한다. 건물하나 만든다고 해도 경제효율이 모든 것의 결정기준이 되고, 건물의 본래의 모습을 잘라버리는 방향으로 진전되고 있다. 새로운 것이 만들어 질 때마다 거리는 보다 한층 무질서하게 되어간다. 나는 이전 교또(京都)의 다까세강(高瀬川)가에 패션빌딩 〈TIME'S〉를 만들었다. 다까세강은 이전 교또와 후세미(伏見)를 연결하는 통로였지만, 현재는 그 역할을 끝내고, 역사적 미관의 하나가 되고 있다. 그러나, 그 부근에는 잡거(雜居) 빌딩이 늘어서 있고 다까세강 그것은 지금 사람들의 의식 밖으로 쫓겨나 버린 느낌이 든다. 교또 사람들은 기억 속에서만 이 강을 보고 있다고 생각된다. 그래도 강의 흐름은 자연에 손을 뻗치고 싶을 만큼 깨끗함을 유지하고 있다. 나는 이 건물을 다까세강에 연결시키고 싶었다. 사람과 물과의 접촉을 원상태로 돌려놓음으로 해서 거리의 콘텍스트를 해치지 않고 거리에 새로움을 불어넣는 것이 목적이었다. 이것은 또한 일본인이 본래 갖고 있던 자연에 대한 감수성을 불러일으켜 형태로서 표현하는 것이다. 현재의 상황속에서 계획자가 해야 할 것은 사물에 깊숙이 숨어 있는 역사성, 장소성 그리고 전통의 힘을 물려받아 그것과 서로 부딪쳐 가면서 거기에 독자적인 새로운 것을 도입시켜 가는 것이다. 사물은 과거부터 미래로 향하는 시간의 흐름 속에 존재한다. 지금이라고 하는 시간의 단면에도 사물의 존재에의 의지가 잉태되어 있다. 그 소리를 들으면서 자기의 의지가 잉태되어 있다. 그 소리를 들으면서 자기의 의지를 조각조각 붙여 간다. 이러한 축적이야말로 문화를 창조하고 일시적 흐름에 휩쓸리지 않고 다음시대에 물려주게 될 것이다.

## 콘텍스트와 장소성

건축은 스스로의 논리에 따라 자립한다. 건축은 그 환경과 함께 거리의 콘텍스트를 형성한다. 새롭게 만들어진 건축도 또한 그 시점에서 거리의 콘텍스트의 일부가 된다. 고베항 개항이래 외국인의 주택지로서 발전해 온 기타노는 한정(閑靜)한 주택지에서 상업시설이 산재하는 무질서한 주택지로 그 양상이 변모해 가고 있다. 이러한 시간의 흐름 속에 로즈 가든을 비롯하여 4개의 건축을 통해, 이 지역이 가진 어떤 특성을 남기고 무엇을 이미지 속에 계승해서 무엇을 만들어 갈 것인가에 대한 문제에 몰두하지 않으면 안 되었다. 설계에 즈음해서, 바다로 향하는 거리의 방향에 일치시켜 자립하는 두 개의 두꺼운 벽을 기본으로 해서 거리 속에 하나의 장을 획득하는 것을 의도했다. 주변환경의 이미지를 부분으로 계승하는 연와 벽돌을 텍스춰로 하는 벽은 상부에 두 개의 철골지붕을 얹어 내부공간을 획득하면서 건

14

15

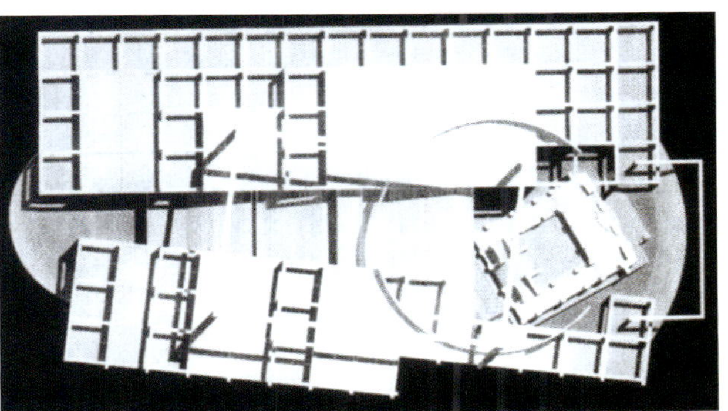

16

축화된 외부라고도 할 수 있는 광장을 내포한다. 안에서 만들어진 광장은 거리와 연결되는 과
정에서 거리 속의 골목길 공간이 된다. 건축과 거리의 관계가 오랜 과정 속에서 자립된 개성
을 유지하면서 개별 지역을 자극함으로서 지역으로 연속되는 건축을 만들고 싶었다. 기타노를
특성 있는 환경의 거리로 만들고 있는 요소 중 하나로는 점재 하는 〈이진깐(異人館)〉을 들 수
있다. 그것이 전부 훌륭한 건물이라고 생각지는 않지만, 현재의 건물이 경제성을 너무 중시한
나머지 단기간에 만들어 졌음에 대해 〈이진깐〉은 오랜 시간에 걸쳐 만들어졌고, 설계자 측의
의도가 구석구석까지 스며들어 있다는 차이점이 느껴진다. 서양의 건물을 일본의 전통기술로
만들려고 할 때 그 설계자는 그 부분 부분에 상당한 갈등을 느끼면서 만들어 왔다고 생각된
다. 〈이진깐〉에 있는 담과 창 등 하나 하나에 설계자, 사용자의 생각이 가득 채색되어 있다.
경제의 논리가 선행하는 것이 많은 현재에도 기타노의 4개의 작품에 대해서는 구석구석에 이
르기까지 계획자의 의도를 충만 시키고 싶었다. 그것은 표면적인 디테일의 문제가 아니라, 부
분에서 부분으로 연속해 가는 관계를 어떻게 만들어 갈 것인가에 대한 것이다. 예를 들면, 광
장과 도로의 연결, 광장과 각 점포의 관계, 빛의 작용에 의해 만들어지는 명암, 옛 것과 새로
운 것과의 접점(接點) 등 부분의 연속에 대한 문제로서 파악하는 것이다. 그것을 위해서는 설
계하는 데 시간을 들이는 것이 필요하다.
머리 속에 체류하는 시간이 길면 길수록 건물과 자신의 거리가 짧아지고 깊은 애착을 갖게된
다. 부분에 많은 생각을 들여 그것을 집적시켜감으로 해서 밀도 높은 건축물을 하나 하나 만
들어 내어 그것을 어느 정도 연속시킴으로서 새로운 환경을 개척해 나가려고 생각하고 있다.
이러한 건축이 풍경의 일부로서 사람들 마음에 뿌리박을 때까지는 아직 시간이 걸릴 것이다.
그것이 형성될 때에 비로소 건축은 사적 소유물(私的所有物)로서의 의미를 넘어 사람들의 공
유재산이 되어 거리의 축으로서 그 공간 일부를 구축하게 될 것이 아닌가.

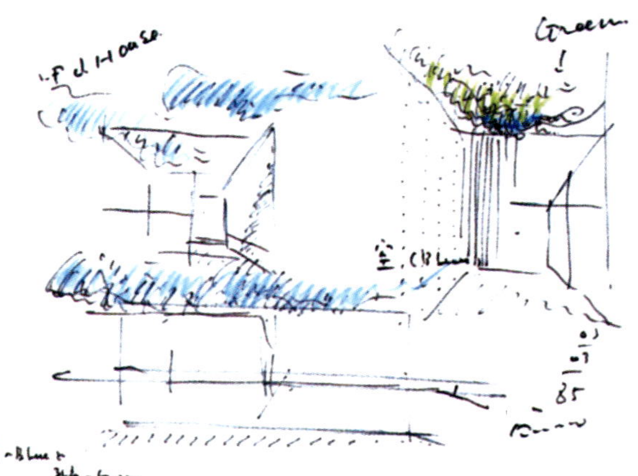

17

18

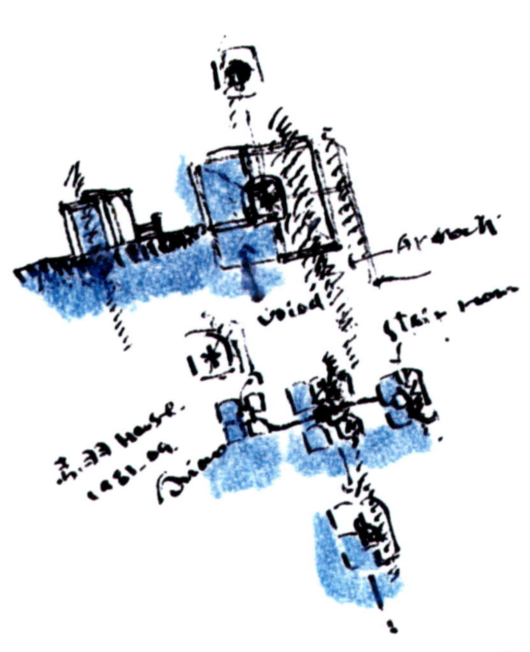

19

20

## 공 간 에  대 하 여

건물을 거리 속에 만드는 것은 주변 환경까지 잘라내는 것이다. 만들어진 건물은 주변을 자극하고 서로 호응하며 새로운 풍경을 만들어 간다. 특히 교또(京都)처럼 아름다운 경관이 남아 있는 곳에 건물을 세울 경우에는 필연적으로 전통을 어떻게 반영할 것인가에 대한 문제가 생긴다. 그러나, 일반적으로 지붕을 걸치는 것으로 만족하거나 외벽에 색조(色調)를 주변환경에 맞추는 것으로 충분하다고 생각하는 경우가 많다고 생각한다. 그러나, 그러한 것보다는 현대에 남겨진 유산 중에 보다 본질적인 것을 간파하여 계승할 필요가 있을 것이다.

속으로 잉태된 공간과 소재에 대한 감성(感性), 드라마성(性)이야말로 중요한 것으로 생각된다. 거리에 대한 친절함을 건물에 집어넣으려고 한다면 표면처리의 부드러움뿐만이 아닌 거리에 대한 다양한 배려를 축적하고 또한 그 배려를 충분히 갈고 닦아서 건축미의 경지까지 끌어올리는 것이 중요하다고 생각된다. 건물을 하나 만들려고 할 때 여러 가지 현실적 곤란이 닥쳐온다. 특히, 경제적 합리성은 모든 결정의 기준이 되고 건축이 본래 가져야만 하는 다양한 성격을 사상(捨象)시키는 방향으로 몰고 간다. 거리에 대한 배려가 무시되고 주변의 건축은 거리와 무관계한 상태로 성립되고 있다. 그렇기 때문에, 건물이 새롭게 세워질 때마다 거리는 한층 무질서하게 되어간다. 사람들의 생활과 일체가 되어 성장해 온 거리의 고유성은 상실되어 생생한 표정을 잃어간다. 부지 주변에 있어서도 다까세강이라고 하는 섬세한 강의 스케일을 무시한 건물이 많이 세워지고 장소가 가진 힘은 약해져 간다. 그 동안 잊혀져 왔던 장소가 가진 힘의 의미를 회복시켜 다시 그 힘을 강화시키는 것이 테마가 되었다. 그 장소밖에는 성립할 수 없는 것을 만들어 건물을 장소와 결합시키려고 하였다.

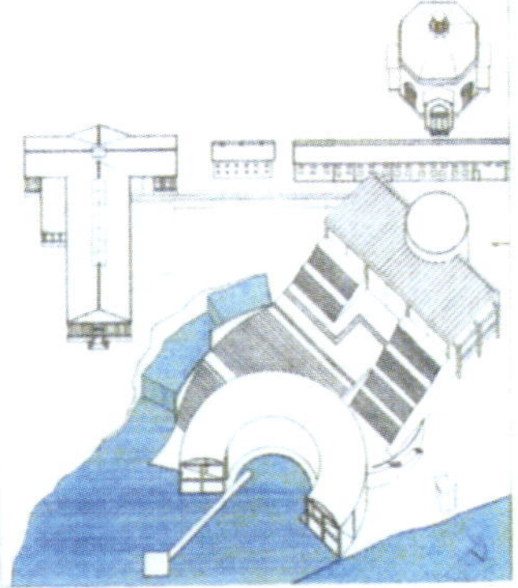

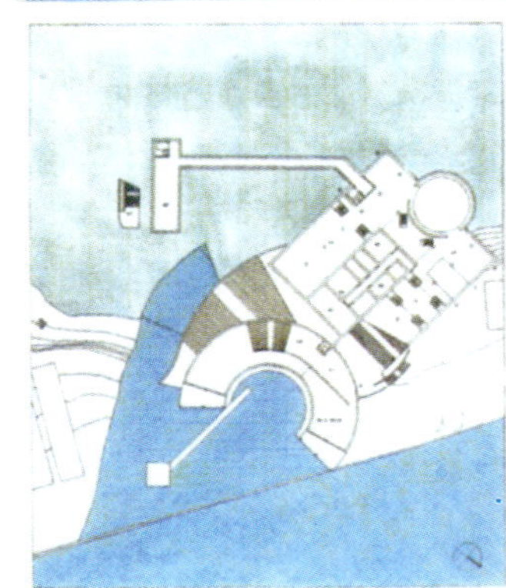

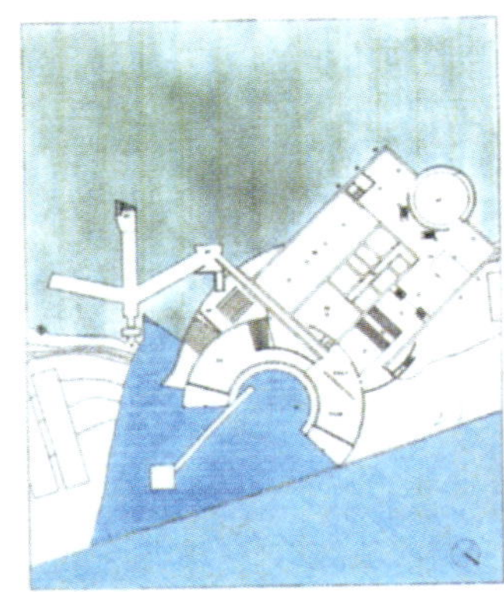

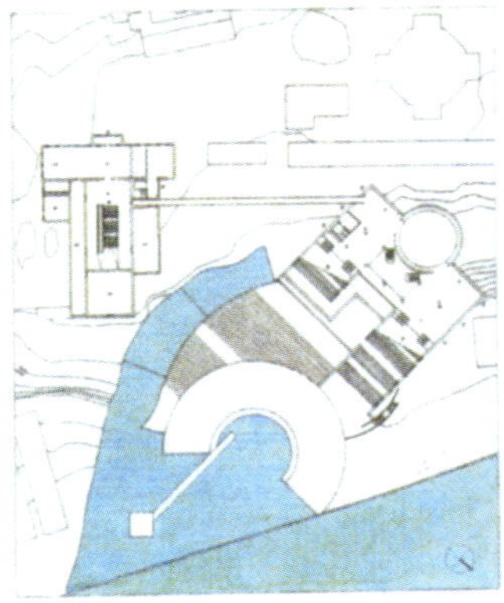

21

22

23

24

GUESTHOUSE
OLD
NEW

# 피쉬 댄스 레스토랑
## Fish Dance

프랑크 게리(Frank Gehry)의 〈피쉬 댄스〉는 그의 이력상 초기 작품으로서 일본에 세워진 그의 최초의 작품이기도 하다. 게리의 작품에서 가장 독특한 현상 중 하나는 건물에 동물이 사용되고 있다는 것이다. 초기에 집중적으로 사용된 물고기 형상은 그의 말대로 자신의 복잡하고 깊은 심리로부터 출발한 것으로 볼 수 있다. 게리의 생물적 오브제인 물고기는 그가 어렸을 때의 체험, 즉 매주 할머니가 안식일의 식탁용으로 살아있는 물고기를 사서 요리를 준비할 때까지 목욕통 속에서 살아 움직이는 물고기들의 모습을 보아왔던 경험에서 비롯한다. 이러한 경험을 통해 그에게 강한 인상으로 남게 되었고 그 후 물고기 조각이 작품에 표현되었던 것이다. 이러한 현상은 그 후에도 계속되었는데, 동물이나 파충류 등으로 이어졌다. 이러한 게리의 건축은 초기부터 주목을 받아왔다. 건물은 내부에서는 단순하게 처리되었지만, 외부에서는 복잡하고 비일상적인 디자인이 주류를 이루게 되었다. 〈피쉬 댄스〉의 경우 초기의 미끈한 물고기 형상이 명확한 형상으로 완성되어 있고 초기의 디자인 경향이 고스란히 표현되고 있다.  이 건물은 레스토랑으로 계획되었기 때문에 프로그램에 있어서는 상당히 단순하게 처리되어 있다. 규모로서는 그리 크기 않으며 고베시(市)의 해안가에 위치한 관계로 해양성의 이미지도 디자인에 반영되어 있다. 전체적인 프로그램은 레스토랑으로서 외부 공간과의 관계에서 고려되어 있기도 하다.

# Frank Gehry의 건축사고방식
## : 프랭크 게리의 최근작에 대해서 – John Pastier

유능하다고 하는 건축가에게 있어서 그 창작활동의 독창적인 성장은 느린 발전을 보이고 있으며, 새로운 영역으로 전개되고 있는 모습의 발자취를 더듬어 보고자 한다. Frank Gehry의 경우에 있어서는 이러한 발전이 어느 정도 이상의 발전을 실현하여 정리해 놓고 있다. 그의 최근 작품에서 몇몇 새로운 아이디어가 여러 종류의 건축물에 표현되어 있는데 대부분의 건축가에게 있어서는 어느 하나도 충분히 표현되어 있지 않다는 것이다.

1

2

이러한 발전의 자취가 가장 뚜렷하게 나타나고 있는 것이 현재 순회중인 게리의 작품전에서 볼 수 있다. 전시회를 기획한 것은 〈Walker Art Center〉로 1986년 9월에 시작하였다. 이 작품전을 봄으로써 종래의 미술관에서 건축전이 실패했다는 것을 느낄 수 있었다. 종래의 건축전은 드로잉, 모형, 사진 등으로 된 실물의 대용품으로 구성되어 있었으며, 그것은 스케일이 극단적으로 축소되어 건축물을 감각적으로 체험하기에는 어려웠다. 게리의 경우에 있어서는 전시회장을 구성함에 있어 그의 작품을 같은 크기의 단편이라는 형태로 나타낸 것으로, 전시회장 구성 그 자체를 전람회의 내용을 나타내게 하는 주요 구성요소라는 방법을 사용하였다. 전시실이나 통로를 기름이 묻은 거푸집 널이나 다듬지 않은 합판, 두꺼운 연판, 연마된 동판이나 골판지 등으로 제작하고, 이것을 개성적이고 비일상적인 형태로 만듦으로써 게리는 입상자에게 소재나 스케일의 질을, 또 그의 작품에서 특징적인 여러 가지 형태나 소재감을 동시에 존재시킴으로서 좀 더 실감할 수 있도록 하는 의도로 제공되었다. 이러한 게리의 최근 하나의 새로운 경향은 구상적인 표현을 작품에 도입하고 있는 경우를 들 수 있으며, 이러한 방향은 동물의 오브제(objects)를 만드는 일로부터 시작되었다. 처음에는 Formica 사(社)의 제품인 물고기 모양의 램프를 만들었으며, 다음의 폴리(Follies) 전시회에서는 그의 작품인 뱀을 입구에 배치하여 설치했고, 최근에 와서는 레베카의 레스토랑에 악어 두 마리를 천장에 매달았다. 이렇게 해서 몇 마리 동물의 오브제를 제작한 후 게리는 비 생물적인 오브제를 다루기 시작했다. 이것은 〈Camp Good

3

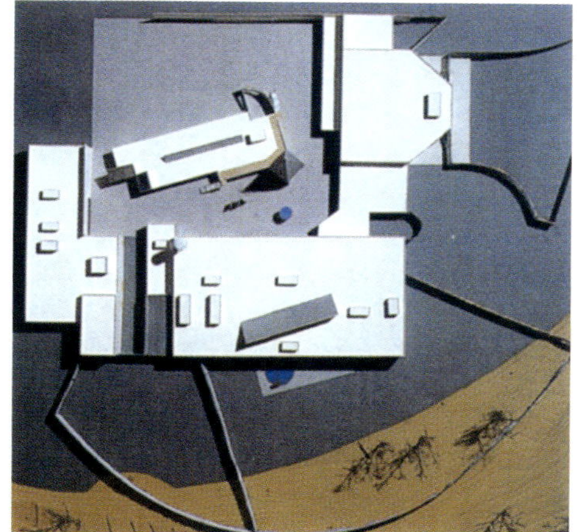

Times(여름 야영장)〉 계획에서 사용된 밀크 캔, 보트, 파도의 형상으로 시작되었고, 메인 스트리트 오피스 빌딩의 출입구에 놓여진 거대한 망원경의 형상으로 이어진다.

후자의 계획은 아직도 건설되지 않았으나 Claes Oldenberg 및 Coosje van Bruggen과의 협동으로 작품 중에 있으며 실현된다면 게리와 Oldenbenberg 모두 중요한 일보 전진이 될 것이다. 게리로서는 예술적인 방면으로의 축적에다 팝 아트(Pop Art)에의 관심이 부가되는 것을 나타내고 있다. 예술(Art)에 관해서는 지금까지 주로 캘리포니아의 아티스트에 의한 추상적이거나 직감에 입각한 작품에 치우쳐 있었다. Oldenberg에 있어서는 완성된 건축물 형태에 비평을 한층 더하고 있는 입장에서 오히려  건축적 스케일의 조각을 건축물 본체와 통합하기 위해 초기에 설계에 참가하고 있다. 그러나 게리는 동물에 있어서 모두 자신의 복잡하고 깊은 심리로부터 출발한 것으로 되어 있다. 게리의 초기의 생물적 오브제인 물고기에 대해서는 그가 어렸을 때의 체험을 추적해보면 알 수 있다. 매주 게리는 할머니가 안식일의 식탁용으로서 살아있는 물고기를 사서 요리를 준비할 때까지 목욕통 속에서 살아 움직이는 물고기들의 모습을 보아왔다. 이 광경은 게리의 머리 속에서 강인한 인상으로 남게 되었을 것이며, 게리가 어렸을 때의 기억으로부터 물고기의 조각을 일찍 표현할 수가 있게 되었고, 그 밖의 동물이나 파충류 등으로 이어졌다. 건축의 정통성에 대해서 중대한 위반행위라고 해도 이들 오브제는 흥미 있는 것으로, 악마를 쫓아내는 부적과도 같다는 깊은 의미를 내포하고 있다고 말하기도 한다.

미끈미끈한 동물들이 명확한 형상으로 이루어져 있기 때문에 게리도 건축물을 복잡하게 구성할 필요가 없다는 생각을 갖게 되었다. 자택으로 시작된 그의 초기의 프로젝트에서 게리는 비일상적인 재료, 다층구성, 형태의 충돌, 노출되는 구조에 의해서 나타나는 강한 미적인 긴장감이 그의 디자인 중심에 나타나 있었다. 그러나 현재에 와서는 건축물의 형태는 명료하고 소박하게 변화되었으며, 흐트러짐이나 파괴와 같은 역할은 오브제나 동물이 맡게 되었다.

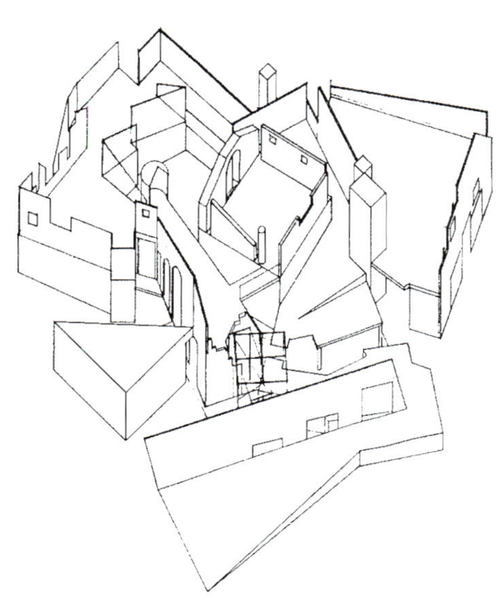

Robert Venturis의 말을 인용한다면, 이전의 게리는 집오리(ducks)를 창작하였으나 지금에 와서는 장식된 오두막(decorated sheds)을 창작하고 있다고 할 것이다. 몇 개의 장식은 이론적으로는 분해할 수 있다. 레베카의 레스토랑에서 매달려 있는 동물을 떼어 냈을 때, 거기에 남은 주요한 부분은 벡 리트(back-lit)로 된 장식품이나 연마된 동판과 같은 풍부한 일상적인 재료로서 마무리해도 우아한 최고의 실내장식이 될 것이다. 껍질을 벗긴 통나무 숲이나 커피 숍(coffee shop)에서 의자의 천이 50년대 풍의 엷은 남빛으로 되어있어 편안함은 물론 균형 잡힌 형태로 뛰어나게 디자인 될 수 있으나, 그럼에도 불구하고 별로 필요하지 않은 부분에 열중하는 것이 게리가 확고한 상용수단으로, 그가 앞으로도 완전히 포기하리라고는 생각되지 않는다. 구상적인 표현으로 물리적인 면보다 우선 구조와 일체화하고 잇는 경우에 있어서도 그것들을 설치한 건축물은 비교적 간단한 형태로 이루어져 있다. 〈메인 스트리트 오피스 빌딩〉에서는 거대한 쌍안경과 비스듬한 목재의 숲이 대부분의 표리요소를 담당하고 있으며, 그 밖의 부분은 장식되지 않은 배경으로 처리하게 되었다. 구상적인 오브제의 도움을 빌린 건축물은 전반적으로, 표리적으로 틀리다고 생각할 필요가 없다. 그것은 그러한 오브제가 존재하지 않는 최근의 프로젝트에서도 같은 유형의 영향을 나타내고 있다. 그러한 관점에서 세워진 것으로 생각되고 있다. 〈헐리우드의 지방도서관〉이 그 좋은 예이다. 이 건축물은 스터코, 유리, 금속제 멀리온 등의 남부 캘리포니아적인 소재로 마무리 된 단순한 직방체로 구성되어 있다. 최근의 작품에서도 같은 형태에서 스케일감과 질감에 관해서는 단순성의 입장을 나타내고 있다.

또한 게리는 건축물의 내부구조를 나타내는 것으로, 금속 펜스나 파형 동판 등을 사용하여 시각적으로 작용하도록 이용했던 것이었지만, 지금에 와서는 단순하고 평탄한 소면을 좋아하고 있다.

8

9

10

11

주택계획에 있어서도 주요 실을 분리한다는 게리의 최근의 테크닉은 표리요소를 표면으로부터 형태로 이행시켰다. 〈Winton Guest House〉에 있어서는 각 실의 볼륨(volume)을 달리하고 외장 재료도 달리하였다. 그러나 이들 재료는 고가이거나 비 일상성인 것임에도 불구하고 자연적인 질감이 나타나 있다. 〈Sirnai Peterson House〉에서는 최근 게리가 드물게 사용하는 재료들로 조화를 이루고 있고 전체적인 건축물의 형태에서도 어느 정도의 자율성이 억제되어 있다.

서양미술에 있어서는 복잡한 것에서부터 명쾌하고 단순함에 이르기까지 개인적인 발전으로 반복해서 나타나는 것이다. Giovanni, Bellini, Rembrandt, Haydn, Beethoven, Willd Cather, Mattisse, Henry Moore 등에 있어서도 시대와 국적이 달라도 구체적인 선례로 되어 있으며, 건축 이외의 분야에서 창작적인 형(形)을 나타내었다. 앞에서 기술한 바와 같이, 게리가 비교적 온화하고 침착한 수법의 한정된 방향으로 발전할 수 있었던 이유는 물고기와 파충류와 같은 오브제를 취급함에 있어서 정화적인 작용의 결과라고 생각된다. 그러나, 이것은 또한 예술가로서의 정열과 신뢰의 증대에도 기인하고 있으며, 더 큰 스케일, 보다 공용적인 일을 위탁받을 수 있는 구분된 실제적 단계에 도달하는 것이 되기도 한다.

지금까지는 게리의 개성이 특별하게 나타나 있으므로 통상의 고객들(이것에 관해서는 통상의 비평가도 같았다)은 그를 중요하다고 생각하는 경우는 드물었다. 그의 일은 큰 사업자나 법인보다도 오히려 어떤 개인이나 소규모적인 연구시설에서 의뢰하는 경우가 많았다. 그가 새로운 면을 억제한 〈헐리우드 도서관〉처럼 보다 공용적인 일에 있어서 어느 정도 찾아볼 수 있으며, 또한 다른 의미에서 그의 작품이 도전적이면서도 최고의 작품이 되어야 한다는 상황을 이루어낸 것이었다.

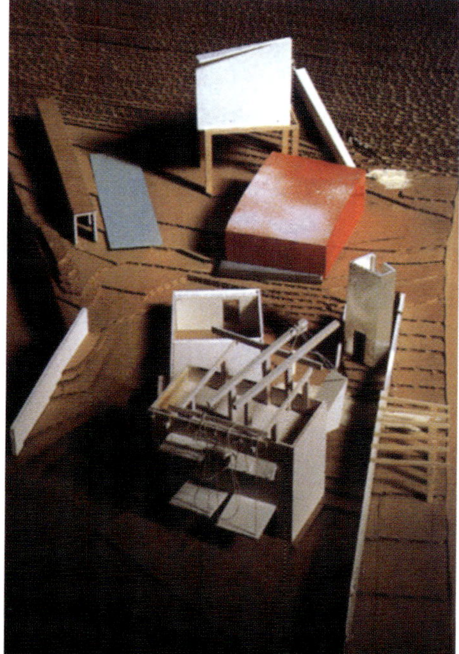

12

13

그러면 이것으로서 게리의 작품이 최종적인 방향을 정한 것일까? 그는 변화하면서 성장하는 디자이너이다. 따라서, '최종적'이라는 말은 현실적이라고는 할 수 없다. 그러나, 그의 최근의 접근방식은 그가 예술이라는 개념을 서서히 자기 자신의 승화로서 정통하고 있으며, 이러한 그의 현재 상황이 계속되는 것이 바람직하다. 그리고 그것이 그의 특별한 재능에 대해서 보다 중요하고 공용적인 프로젝트의 기회를 제공하는 것이라면, 그 경향이 강하게 변화되기를 더욱더 기대하고 있다.

14    15

# 하스 하우스
## Haas Haus

하스 하우스는 한스 홀레인(Hans Hollein)의 작품으로 기본 구성의 의도는 도시계획적인 검토에 근거해 기존의 도시 공간을 수정하는 것에 있다. 건물의 복합적인 표면 마감과 입체적인 분절도 이러한 의도로부터 나온 것이다. 이 건물은 가구(街區)의 모서리에 위치한다. 그라벤 측의 외관의 곡면은 일찍이 존재한 로마 요새의 둥근 모서리 부를 반영한 것이다. 건물 외관의 구성은 그라벤 가의 집이 늘어서 있는 것을 특징짓는 네모난 창이 규칙적으로 보통 외관의 형식을 계승하고 그 형식이 점차 약해져 유리의 복합체로 끝나는 형태로 되어 있다. 내민 유리 실린더의 부분은 대성당을 둘러싸는 슈테판 광장과 이 건물의 앞의 슈토크 임 아이젠 광장이 만나는 위치를 나타내며, 2개의 광장 사이에 중간 휴식적인 역할을 한다. 대성당으로 향하는 과거의 대로인 고르트슈미트 대로에 접하는 외관은 선의 사용법과 스케일의 조정에 의해 대성당에의 배려를 나타내고 있다. 코니스 위의 분절된 몇 개의 매스가 구성하는 지붕의 풍경은 주변 건물에 많은 조소적인 지붕의 조형을 한층 더 발전시킨 것이다.

건물의 외장재는 돌(녹색 규석, 화강암), 금속(알루미늄, 스텐레스), 유리(일부는 구조적으로 사용)이다. 특히 그라벤 가로 측의 돌 붙인 외관에 나타나있는 바와 같은, 재료의 의식적인 비구조적 사용은 대각선 방향으로 돌 붙인 디자인 등에 의해 외피의 피막성을 강조하고 있다. 지하 4층, 지상 7층, 지붕 부분의 2층을 포함한 이 건물에는 고급 점포, 오피스, 레스토랑이 들어가 있다. 점포에는 5층 높이의 보이드 된 아트리움을 지나 접근한다. 이 아트리움은 인공 조명이 투과하는 유리 돔으로 덮여, 사람들은 슈테판 광장 측, 그라벤 가로에 만들어진 어떤 출입구로 들어가도 그 안에서 실로 여러 가지 공간 체험을 거쳐 각 점포로 들어가게 된다. 모든 것을 감싸는 듯한 원형 공간과 윗 쪽으로 열려 점차 뒤로 물러가는 계단군(群) 사이의 변증법적인 상호작용 안에, 다이나믹 한 특유의 분위기가 태어나고 있다. 에스칼레이터, 계단, 엘레베이터가 이 공간을 구획하고 개방하고 있다.

지하 1층의 홀에는 카페가 설치되어 있으며, 카페, 레스토랑 등의 음식 공간은 여러 층에 분산 배치되어 있지만, 대성당과 가로에의 훌륭한 전망을 갖춘 옥상 레스토랑에 와서 최고조에 이른다. 그리고 아래층에는 오피스군(群)이 들어가 있다.

# Hans Hollein의 건축사고방식

## : 홀라인의 '동굴', Haas Haus – Peter Eisenmann

잘 알려져 있는 바와 같이 플라톤은 그의 저서 〈국가〉에서 "동굴의 비유"를 논하고 있다. 그것은 일군의 죄인들이 동굴 안에 붙들려 있으면서 스크린 배후를 왕래하는 사람들의 그림자만을 보고있다는 이야기이다. 죄수들은 몸과 머리를 움직이는 것이 불가능했기 때문에 "그림자" 그것이 현실의 인간, 현실의 사물이라고 믿었다. 최종적으로 이들이 그 속박으로부터 풀려나 소위 "현실"을 눈으로 볼 때에도 이전에 보았던 "그림자"가 보다 진실미가 있으며 현실적이라고 생각하는 것은 아닐까 하고 플라톤은 기술하고 있다.

빈이라는 도시는 이런 의미에서 현대의 "플라톤의 동굴"로 보인다. 잘 알려져 있는 바와 같이, 빈은 금세기 초에 현실의 "변형"을 두 번에 걸쳐 꿈꾸었다. 그것은 현실의 "전위"에 의한 "충격(traumas)"이 되고 있다. 최초의 "변형"은 한 인간인 지그문트 프로이트의 등장에 의한 것이다. 사실 프로이트는 플라톤의 이념 즉, "동굴의 비유"를 전도(顚倒)했던 것이다. 그에게 있어 우리들의 "현실"은 "그림자" 쪽으로 변형되었던 것이다. 그 40년 후, 독일과의 병합(1939)에 의한 제2의 "그림자"가 빈을 뒤덮었으나 프로이트의 "그림자"는 그 이상의 "현실"로서 현재까지 살아있는 것이다.

민족, 언어, 논리관(論理觀)을 기저로 한 내셔널리즘의 실지(失地) 회복운동이 유럽이라고 하는 하나의 직물을 분단의 위협에 노출시키고 있다. 그리고 빈은 주목받고 있는 시(市)로 변모되고 있다. 왜냐하면, 그 도시의 정치적 중심 과제가 구(舊) 합스부르그가(家)의 자본과 오스트리 · 헝가리 제국 시대의 막대한 영지와 관계되어 있기 때문이다. 이러한 의미에서 빈은 시간 축이 뒤틀린 도시이다. 빈 그 자체가 18-19세기의 군주국에서 기

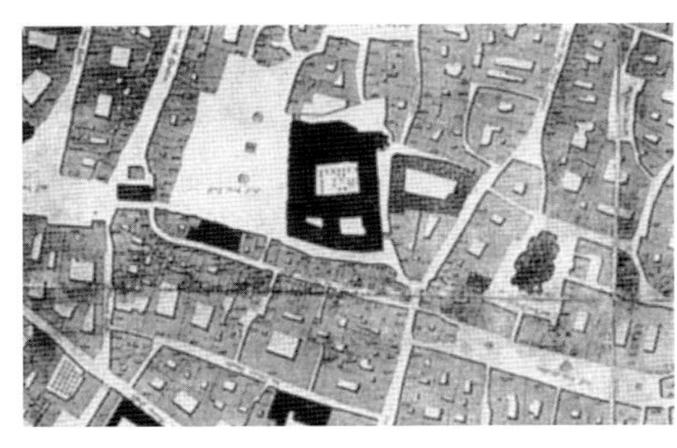

1

원한 정치적, 인위적 경위와 매트로폴리탄 네트워크라고 하는 새로운 경위 사이에 위치하는 "그림자"이다. 매트로폴리탄 네트워크는 토쿄와 오사카, 베를린과 프랑크푸르트와 같은 기존의 종속적 도시의 위계성 (hierarchy)을 해체하고 토쿄와 뉴욕, 베를린과 로스앤젤레스를 결합하려고 하고 있다.

이와 같이, 빈은 "무의식"의 도시라고 보여진다. 그러나, 이 "그림자"에 의한 억압으로부터의 해방이 뒤늦게 나마 진행되고 있다. 한스 홀라인의 새로운 〈하스 하우스(Haas Haus)〉는 그러한 혁신화의 상징인 것이다. 이 건물은 슈테판 광장의 평면 컨텍스트 및 단면 컨텍스트를 급진적으로 개조함으로서, 건물의 실체적 윤곽 이 규정해 온 "신성한 경내"에 의문을 던지고 있다. 이 프로젝트는 중요한 도시적 문제를 제기하고 있는 것 이다. 최초로, 도시에 있어서의 "성스러운 공간"이란 어떠한 것인가 하는 것이다. 그것은 공적 영역과 사적 영역을 멀리하는 상상 속의 경계선을 둘러싼 "정치적"인 싸움의 장소이기 때문이다. 다음으로, 억압 없는 "보 존"이란 어떠한 것인지 하는 것이다. 분명히 새로운 건물이 필요한데, 질적 저하를 가져온 낡은 건물을 보존 해야 할 이유란 구체적으로 말한다면, 슈테판 광장과 로마 시대의 구 시가를 격리하는 "성립면(成立面)"과 의 의를 찾고자 하는 것이다. 홀라인의 〈하스 하우스〉는 이 "성립면(成立面)"을 형식상 그리고 내용상 급진적으 로 개조하면서, 빈 전체의 컨텍스트에 도전하고 있다. 그것을 이해하기 위해서, 우리는 부지의 역사를 되돌아 보지 않으면 안 된다.

〈하스 하우스〉의 부지는, 로마 시대에 쌓아 올린 성벽 남동쪽에 위치한다. 로마 시대 성벽의 대부분은 현재도 한 때의 존재를 느끼게 하는 흔적을 도시에 남기고 있으며, 빈도 예외는 아니다. 현재의 츄히라우벤 대로는 로마 시대의 데큐마나스(Decumanus)이며, 란드스크로네 대로는 본래는 카르도(Cardo)이다. 그리고 슈테판 광장의 서측 단부나 로텐 텀(term, 빨강 색의 탑)의 증축은, 성벽 동측 부에 형성된 것이다. 초대의 〈하스 하 우스〉는 소유주의 가족에 의해 1896년에 지어졌다. 이 건물은 시대에 역행한, 4층의 베니스풍의 고전 건축으

6

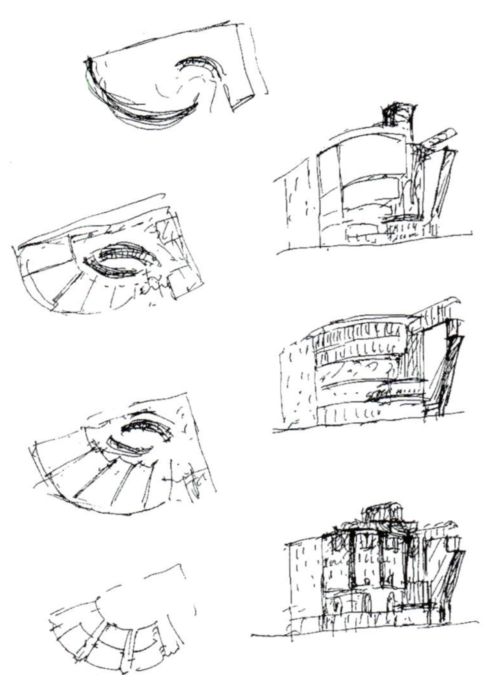

7

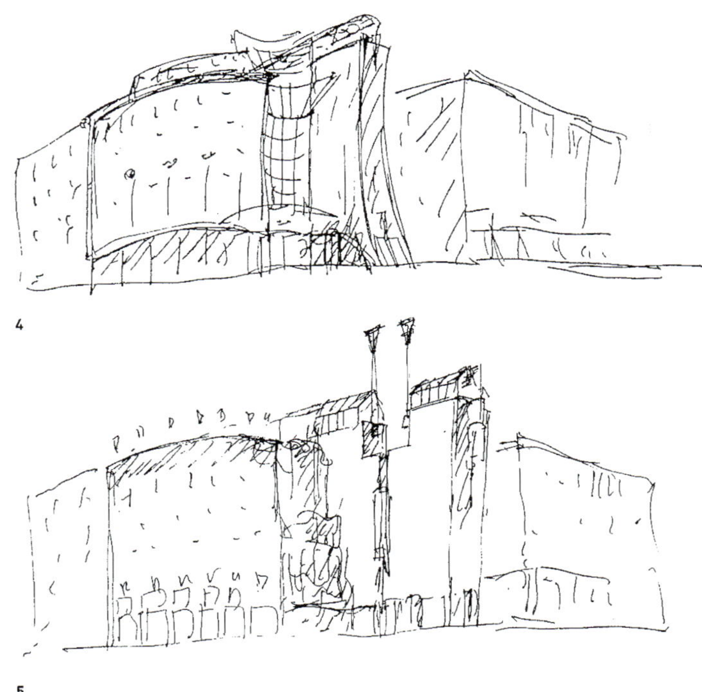

4

5

로 2층에 걸친 거대한 포티코를 결합하는 겹쳐있는 엔타블레이춰가 3층과 4층 사이에 연속하고 있다. 초대
〈하스 하우스〉는 1945년에 연합군의 폭격에 의해 붕괴된 후, 1951년에 다시 세워졌다. 2대째 〈하스 하우스〉
는 온화한 전후풍(戰後風) 밀라노 양식의 건물로서, 소규모의 로지아가 지붕의 처마선에 연속하고 있다. 어
느 쪽의 건물도 3면으로 이루어져 있으며(4면이 아닌 것은 부지의 남동 각부가 부채꼴 모양이기 때문이다),
고전적인 도시 건축(가로를 따라 지어진 것)과는 달리, 가로로부터 후퇴해 지어졌다. 양자에게 공통되는 것
은 건물 그 자체가 익명적인 벽과 같이 슈테판 성당을 둘러싸면서 광장의 "성립면(成立面)"을 형성하고 있다
는 것이다. 즉, 건물이 오브제로서의 대성당("圖")과 로마 시대부터의 도시 패브릭("地")을 멀리하는 원인이
되고 있다. 세 번째 〈하스 하우스〉에 있어서, 이것은 중요한 컨텍스트이다.

홀라인은 부채꼴 모양의 부지에 구 건물의 외곽선(post-1900 line)과 가로의 선(pre-1900 line)을 도입하
고 있다. 그리고, 양자간에 새로운 "흔적"(로마 시대의 성벽선)의 자취를 남겼다. 그러나, 이 "흔적"은 한 때의
성벽 그 자체와는 다음의 중요한 두 가지 점에서 다르다. 첫 번째로, 이 흔적이 형태적으로나 재질적으로 건물
의 형상이 되고 있다는 것이다. 두 번째로, 새로운 〈하스 하우스〉는 진정한 포스트 모더니즘 감각에 의해, 별
개의 컨텍스추얼리즘을 표현하고 있는 것이다. 그것은 홀라인이 다른 두 가지의 주제를 동시에 취급하고 있는
것에서 유래한다. 그는 기존의 건물을 철거하고 "백지 상태(타블라사)"를 창조했다. 그 자체는 극히 정치적인
제스츄어이지만, 한층 더 컨텍스트와는 무관계한 "수법"으로 컨텍스트를 재건하고 있다. 〈하스 하우스〉는 부식
화ㆍ단편화가 내부에도 미치고 있는 건물이다. 외관의 금속이나 유리가 내부의 복잡한 확대를 예고한다.

홀라인의 대부분의 작품이 그렇듯이, 이 〈하스 하우스〉의 외관은 산성비에 의해 침식된 암석과 같은 외관으
로 그의 초기 작품을 생각나게 한다. 예를 들어, 그의 작은 "보석점"에는 이러한 "단편화"의 감각을 이미 찾
아볼 수 있다. 그것은 눈에 보이지 않는 자연의 힘에 의해 침식을 받은 돌과 같다. 〈하스 하우스〉는 이 "침
식"이라는 주제를 거대한 스케일로 표현한 것이다. 남, 서측으로부터 연속한 그 외관은 순진함 그 자체, 즉

8

9      10  11

컨텍스트에 의존하면서 만곡한 윤곽을 그리고 있는 것과 같다. 건물은 지상으로부터 2층 높이의 쇼핑 아케이드와 회색의 대리석에 의한 상층부로 이루어져 있다. 게다가 그 상층부로부터는 다른 2종의 그리드가 나타난다. 최초의 그리드는 대리석의 벽에 뚫린 정방형의 "펀치드 윈도우"(창틀 자체가 벽면으로부터 후퇴되어 있다)에 의한다. 두 번째의 그리드는 "펀치드 윈도우"의 각 코너를 묶고 있는 다이아몬드 패턴의 "줄눈"이다. 이 부분의 외관은 그 이후의 배경이 되는 것과 같이 스케일 상으로나 재질 상으로도 온화하게 표현되어 있다. 좌측 상단으로부터 계단상(5단)으로 규칙적으로 증식되고 있는 대리석 외관은 유리 커튼 월을 노출시키기 위해 벗겨져 있는 것 같다. 커튼 월은 광선의 가감에 의해 전혀 내부를 드러내지 않는다. 이 유리의 피막이 나머지의 외관을 감추고 있지만 건물 좌측에 있어 명확한 스케일의 판독성은 없어진다. 이 건물의 가장 급진적인 제스츄어(평면적으로나 입면적으로)가 되고 있는 것이 이 유리의 "탑"(유리 실린더)이며, 그것은 건물 경계선으로부터 공용의 도로 쪽으로 캔틸레버가 튀어나와 있다. 이 제스츄어에 의해, 건물 자체가 오브제가 되고 있지만 그 이상으로 형상성(形象性)도 부여된다. 불완전한 유리, 불완전한 대리석, 불완전한 형상, 이러한 "불완전성"이 다시 "빈의 정신"을 표현한다. "탑"의 상부는 경쾌하고 개방적이며 하부는 중후하고 폐쇄적이다. 이 "빈의 정신"은 건물내부에서도 연속되고 있다. 잘츠부르크의 미술관(〈바위의 미술관〉)에서는 그 내부를 이미지화하는 것이 비교적 용이한 것에 반해, 이 〈하스 하우스〉에서는 그것이 극히 곤란하다. 〈하스 하우스〉는 하나의 전체 이미지를 제시하지 않을 뿐만 아니라, 슈테판 성당의 오마쥬가 되는 것도 불가능했다. 따라서 우리는 곤혹스럽다. 그러나, 슈테판 광장에의 노스탤지어(향수)를 드러내고 있는 것이 그것의 키취(Kitch)라고 할 수 있는 재질감이다. 그것은 화사드(가면)의 개구부로부터 흘러나오는 "빈적 풍자"의 은유인 것이다. 일견 유머가 풍부한 가벼운 농담과 같이, 그 내부에는 중산계급의 현실이라고도 말할 수 있는 "권태감"이 들어가 섞인 "풍자"인 것이다. 빈의 "그림자"에는 항상 기지와 야유가 혼재하고 있다. 그러한 악마의 소리 죽인 웃음, 소리 없는 웃음이야말로 홀라인의 "서명(署名)"이라고 해도 좋을 것이다.

이와 같이, 〈하스 하우스〉를 구성하고 있는 것은 빈의 컨텍스트 뿐만이 아니라, 홀라인 자신의 정신적 컨텍스트이다. 그의 최초의 건축 작품은 육지에 오른 항공모함과 같은 초현실주의적 풍경이었다. 거기에는 모더니즘적 풍경으로서의 "백지 상태"(항공모함의 갑판) 뿐만이 아니라, 풍경 그 자체의 "전위(轉位)"(바다에서 육지로)가 나타나고 있다. 홀라인은 합리적인 근대 의식의 세계(초기의 작품)로부터, 그 자신이 줄곧 몸을 두어 온 "그림자"의 세계(무의식적 복합성)로 움직이고 있다. 그 컨텍스트가 되는 것이 풍경의 "전위(轉位)"이다. 〈하스 하우스〉 이후 계획된 잘스부르크의 미술관(〈바위의 미술관〉)은 이러한 "전위"의 종착역이라고도 말할 수 있다. 그 회전 모멘트가 주어진 구심적 공간은 "항공모함"을 반전한 것이지만, 새로운 지면(地面) 그 자체도 "전위"되어 있다. 이 미술관은 플라톤의 "동굴" 내에 있어서 틀림없는 "프로이드적 풍경"인 것이다. 지표(地表)라는 컨텍스트가 "전위"된 잘스부르크의 미술관, 그 전조가 되고 있는 것이 〈하스 하우스〉의 인테리어이다. 홀라인의 "전위"는 "움직임"을 구현화한 것이기도 하다.

12

13

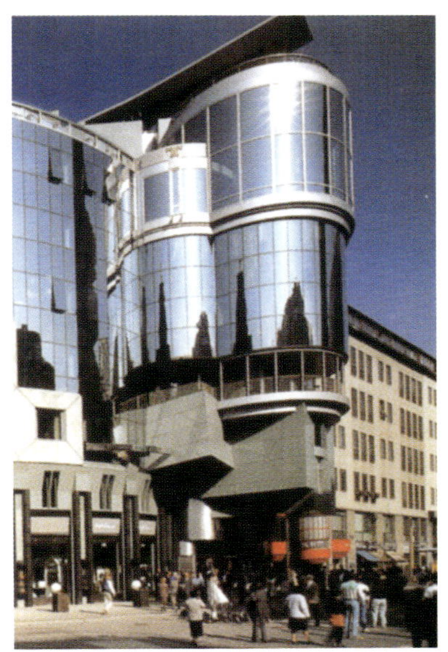

14

15

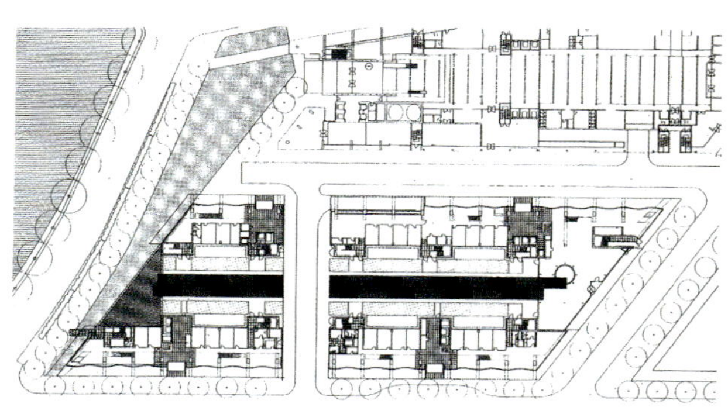

1층 평면도

# 신텍스 빌딩
## Syntax Building

다카마츠 신(Shin Takamatsu)의 대표적인 건축 작품 중 하나인 〈신텍스 빌딩〉은 초기 다카마츠의 건축 특성이 잘 나타나고 있는 건물이다. 다카마츠는 1948년 일본 시마네현(縣)에서 태어났으며, 1980년 교토대학에서 박사과정을 수료한 후 자신의 사무소를 설립하여 1983년 일본건축가협회 신인상을 수상하기도 했다. 이후 작품 경향이 많이 변화하여 노출 콘크리트를 즐겨 사용하고 있으며, 최근에는 유리를 주로 사용하여 미니멀한 건축을 만들어내고 있다. 대표적인 작품으로는 〈오리진 I, II, III〉와 〈Ark〉, 〈쿠니비키 메세(Kunibiki Messae)〉, 〈쇼지 우에다 사진 박물관〉, 〈시카츠 커뮤니티 센터〉 등이 유명하다.

그의 드로잉을 보면, 수많은 작업의 흔적을 느낄 수 있는데, 그의 말대로라면 수 백장의 스케치가 이루어진 다음에 정성스럽게 완성된 드로잉이 출판된다고 한다. "의식적인 형태에서 무의식적 형태가 탄생할 때까지 지속적으로 육체와 시간의 관계에서 성립하는 감성의 구조화, 즉 보이지 않는 제도로서의 건축"을 실천하고 있는 것이다. 다카마츠 신에게 영향을 준 건축가로는 오토 와그너(Otto Wagner)와 한스 홀라인(Hans Hollein)을 들 수 있는데, 와그너의 빛과 그림자를 이용한 디자인 방법과 홀라인의 환유적이고 자본주의적인 디자인이 직접적으로 다카마츠에게 영향을 준 것으로 볼 수 있다. 그리고 최근에는 장 누벨(Jean Nouvel과, 렘 쿨하스(Rem Koolhaas)로부터 건축 문학성의 영향을 받고 있는 것으로 보인다.

그의 작품에서는 기계적 이미지와 달리는 기관차와 같은 스피디한 역동성을 느낄 수 있는데, 이는 일본이라는 도시에서의 물류 운송이나 정보 이동과 같은 빠른 사회 현상을 시각적으로 표현하려는 시도로 볼 수 있다. 다카마츠 신의 건축은 상업 건축의 경우 건축 규모가 비교적 작아 다양한 디테일과 재미있는 디자인이 가능했는데, 후기에 공공건축이 많이 디자인되면서 단순한 기하학적 특성을 보이고 있는 것이 특징이기도 하다. 단순 기하학에는 물론 일본의 장인정신과 표현기법 그리고 공간감이 살아있다.

## | 디자인 컨셉 |

다카마츠 신의 대표적인 건축 작품 중 하나인 〈신텍스 빌딩〉은 초기 다카마츠의 건축 특성이 잘 나타나고 있는 건물이다.

다카마츠는 1948년 일본 시마네현(縣)에서 태어났으며, 1980년 교토대학에서 박사과정을 수료한 후 자신의 사무소를 설립하여 1983년 일본건축가협회 신인상을 수상하기도 했다. 이후 작품 경향이 많이 변화하여 노출 콘크리트를 즐겨 사용하고 있으며, 최근에는 유리를 주로 사용하여 미니멀한 건축을 만들어내고 있다. 대표적인 작품으로는 〈오리진 Ⅰ·Ⅱ·Ⅲ〉와 〈Ark〉, 〈쿠니비키 메세(Kunibiki Messae)〉, 〈쇼지 우에다 사진 박물관〉, 〈시카츠 커뮤니티 센터〉 등이 유명하다.

그의 드로잉을 보면, 수많은 작업의 흔적을 느낄 수 있는데, 그의 말대로라면 수 백장의 스케치가 이루어진 다음에 정성스럽게 완성된 드로잉이 출판된다고 한다. "의식적인 형태에서 무의식적 형태가 탄생할 때까지 지속적으로 육체와 시간의 관계에서 성립하는 감성의 구조화, 즉 보이지 않는 제도로서의 건축"을 실천하고 있는 것이다. 다카마츠에게 영향을 준 건축가로는 오토 와그너(Otto Wagner)와 한스 홀라인(Hans Hollein)을 들 수 있는데, 와그너의 빛과 그림자를 이용한 디자인 방법과 홀라인의 환유적이고 자본주의적인 디자인이 직접적으로 다카마츠에게 영향을 준 것으로 볼 수

있다. 그리고 최근에는 장 누벨(Jean Nouvel)과, 렘 쿨하스(Rem Koolhaas)로부터 건축의 문학성의 영향을 받고 있는 것으로 보인다. 그의 작품에서는 기계적 이미지와 달리는 기관차 같은 스피드한 역동성을 느낄 수 있는데 이는 일본이라는 도시에서의 물류의 운송이나 정보의 이동과 같은 빠른 사회 현상을 시각적으로 표현하려는 시도로 볼 수 있다. 다카마츠의 건축은 상업 건축의 경우 건축 규모가 비교적 작아 다양한 디테일과 재미있는 디자인이 가능했는데, 후기에 공공건축이 많이 디자인 되면서 단순한 기하학적 특성을 보이고 있는 것이 특징이기도 하다. 단순 기하학에는 물론 일본의 장인정신과 표현기법 그리고 공간감이 살아있다.

이 건물의 프로그램은 의료용 및 상업용으로 사용되고 있
는 관계로 비교적 단순한 기능으로 처리되어 있으며, 외
부에서 볼 수 있는 과격한 형태 또는 흥미로운 형태와는
달리 내부는 규칙적이고 기능적인 구획 등으로 이루어져
있다. 건물로의 동선은 비교적 단순하며, 내부에서의 기
능의 분산도 주 계단을 중심으로 이루어져 있다.



건물의 주요 골조는 철근 콘크리트조이며 외부 마
감은 금속재 강판으로 이루어져 있다. 내부의 마
감 역시 금속재와 일부 대리석 마감으로 이루어져
있다.

SYNTAX
SYNTAX
1 F
PEARLY GATES
adabat
3 F
KL
LAGERFELD

SYNTAX
SYNTAX
2 F
JohnRocha
sui
ANNA SUI
GIULIANO
FUJIWARA
4 F

adabat

# 베를린 포츠담 복합 문화시설
## Musical Theater & Casino

포츠담 광장 재개발 구역 중 한 곳을 담당하고 있던 Renzo Piano가 설계한 건물 중 하나이다. 수공간 주변에 들어선 이 건물은 매스를 안으로 파내서 앞에 넓은 광장을 마련해서 사람들이 모이는 장소를 제공하고 있다. 이곳의 광장은 퐁피두 광장의 규모는 아니지만 바닥을 경사지게 처리하는 같은 방식으로 구성하그 있다. 건물의 매스는 부정형을 띄고 있고 특히 겉면에 철판으로 된 스킨이 매스를 한번 더 감싸고 있다. 이 스킨은 일정한 그리드로 구획되어 있는 면으로 구성되어 있고 전체 면은 폐쇄적으로 디자인되어 개구부를 가지고 있지 않다. 그러나 그 모듈들은 열릴 수 있는 창으로 구성된 부분이 있어서 열어두면 자연스럽게 루버 역할을 하면서 개구부를 형성한다. 그리고 광장 위로는 매스에서 돌출한 지붕을 조형적으로 설치해서 막을 형성하고 있다.

이 건물은 극장, 카지노, 나이트 클럽이 들어선 복합 문화 상업시설이다. 지하층에는 대형 나이트 클럽이 들어서 있고 지상층에는 극장과 카지노 시설이 광장을 중심으로 좌우에 들어서 있다. 광장을 중심으로 두개의 매스가 들어서 있는 이 건물은 주 출입구 역시 분할되어 있다. 광장 왼쪽으로는 극장과 나이트 클럽 출입구가 있고 오른쪽으로는 카지노 출입구가 있다. 모든 출입구부분은 전 층까지 이어진 전면 유리 입면으로 구성되어 있기 때문에 내부를 공개하고 있다. 극장 부분은 전면에 홀이 전층에 걸쳐 열려 있고, 입면도 유리로 마감되어 상당히 외부에 개방적인 공간을 연출하고 있다.

## | 디자인 컨셉 |

포츠담 광장 재개발 구역 중 한 곳을 담당하고 있던 Renzo Piano가 설계한 건물 중 하나이다. 수공간 주변에 들어선 이 건물은 매스를 안으로 파내서 앞에 넓은 광장을 마련함으로써 사람들이 모이는 장소를 제공하고 있다. 이곳의 광장은 퐁피두 광장의 규모는 아니지만 바닥을 경사지게 처리하는 같은 방식으로 구성하고 있다. 건물의 매스는 부정형을 띄고 있고 특히 겉면에 철판으로 된 스킨이 매스를 한번 더 감싸고 있다. 이 스킨은 일정한 그리드로 구획되어 있는 면으로 구성되어 있고 전체 면은 폐쇄적으로 디자인되어 개구부를 가지고 있지 않다. 그러나 그 모듈들은 열릴 수 있는 창으로 구성된 부분이 있어서 열어두면 자연스럽게 루버 역할을 하면서 개구부를 형성한다. 그리고 광장 위로는 매스에서 돌출한 지붕을 조형적으로 설치해서 막을 형성하고 있다.

## | 프로그램 |

이 건물은 극장, 카지노, 나이트 클럽이 들어선 복합 문화 상업시설이다. 지하층에는 대형 나이트 클럽이 들어서 있고 지상 층에는 극장과 카지노 시설이 광장을 중심으로 좌우에 들어서 있다.

| 동선순환체계 |

광장을 중심으로 두개의 매스가 들어서 있는 이 건물은 주 출입구 역시 분할되어 있다. 광장 왼쪽으로는 극장과 나이트 클럽 출입구가 있고 오른쪽으로는 카지노 출입구가 있다. 모든 출입구부분은 전 층까지 이어진 전면 유리 입면으로 구성되어 있기 때문에 내부를 공개하고 있다. 극장 부분은 전면에 홀이 전층에 걸쳐 열려있고, 입면도 유리로 마감되어 상당히 외부에 개방적인 공간을 연출하고 있다.

| 구조 시스템 |

두개의 매스로 분할된 이 건물은 지붕 면에서는 광장을 덮고 있는 막을 통해 하나로 연결된다. 기본적인 매스부분은 붉은 벽돌로 마감되어 있고 그 겉면에 황금빛의 철판을 덧대서 다소 이질감을 가진 재료를 사용하면서 새로운 막을 형성하고 있다.

| 주요 디테일 |

- 개구부: 표피를 구성하고 있는 솔리드 한 금속판에 가변적인 개구부는 시스템에 따라 창이 열리는 상태에 의해 건물에 다양한 표정을 만든다.
- 수공간: 길게 늘어선 건물 정면에 있는 수공간은 깊지 않게 처리해서 물과 바닥의 대리석에 건물이 비치게 해서 새로운 풍경을 바닥에 만든다.